ZHUSU FUHE CAILIAO
GONGYI JI GAIXING

# 竹塑复合材料
# 工艺及改性

王 会 盛奎川 / 著

ZHEJIANG UNIVERSITY PRESS
浙江大学出版社

**图书在版编目（CIP）数据**

竹塑复合材料工艺及改性 / 王会，盛奎川著. —杭州：
浙江大学出版社，2019.7(2021.4 重印)
ISBN 978-7-308-19230-9

Ⅰ.①竹… Ⅱ.①王… ②盛… Ⅲ.①树脂基复合材
料—研究 Ⅳ.①TB333.2

中国版本图书馆 CIP 数据核字(2019)第 125210 号

### 竹塑复合材料工艺及改性

王　会　盛奎川　著

| | |
|---|---|
| 策划编辑 | 王　波 |
| 责任编辑 | 沈巧华 |
| 责任校对 | 丁沛岚 |
| 封面设计 | 春天书装 |
| 出版发行 | 浙江大学出版社 |
| | （杭州市天目山路 148 号　邮政编码 310007) |
| | （网址：http://www.zjupress.com) |
| 排　　版 | 杭州青翊图文设计有限公司 |
| 印　　刷 | 广东虎彩云印刷有限公司绍兴分公司 |
| 开　　本 | 710mm×1000mm　1/16 |
| 印　　张 | 14.25 |
| 字　　数 | 258 千 |
| 版 印 次 | 2019 年 7 月第 1 版　2021 年 4 月第 2 次印刷 |
| 书　　号 | ISBN 978-7-308-19230-9 |
| 定　　价 | 56.00 元 |

# 前　言

　　从哥本哈根世界气候变化大会到历年中国的政府工作报告,"节能减排""低碳"一直是备受关注的热点问题,发展低碳经济正日益成为人类社会和经济向前发展的必然之路。加快低碳林业的发展是发展低碳经济、应对气候变暖最经济、最直接的途径,竹子因其具有易于繁殖、生长迅速、材质均匀、环保及附加值高等特点,成为绿色生活中一种不可忽视的资源。中国是竹资源大国,也是竹子生产、消费和出口大国。在众多竹种中,毛竹是中国竹类资源中分布最广、用途最多的一个竹种,对毛竹的深度开发利用具有积极的意义。

　　竹塑复合材料是以竹原料为增强组分,与高分子树脂基体复合而成的一种新型材料。该材料具有植物纤维和高分子材料两者的诸多优点,可广泛应用于建材、汽车、货物的包装运输、仓储、装饰材料及日常生活用具等方面。但目前关于采用竹颗粒作为增强材料制备复合材料的研究不多,关于竹颗粒粒度、竹颗粒与基体树脂比例及竹颗粒含水率对复合材料性能的影响的研究还有待深入;由于竹颗粒及 PP、PVC 等基体材料的特殊性,采用竹颗粒制备复合材料所需要的热模压压力、温度与复合材料力学性能、吸水率、厚度膨胀率间的变化关系还有待进一步探索;已有的研究主要是采用化学增容方法处理竹颗粒/PP、竹颗粒/PVC 界面,且主要采用氢氧化钠等试剂,对一些具有特殊性质的改性化学试剂如硅酸钠、高锰酸钾等的研究还不够;关于采用水热增容方式对复合材料界面进行增容的研究还处于起步阶段,关于水热过程温度、催化剂等因素对增容效果的影响的研究还未见报道,尤其是水热处理对复合材料界面的增容可行性及机理还有待探索;关于复合材料的耐紫外特性的研究还需要加强。因此,本书结合我国竹产业加工废弃物资源,研究了目前加工成型工艺及若干改性问题,期望为从业者提供一些经验和借鉴。

# 目　录

# 1 概　　述

随着森林资源的减少,木材供应量逐年下降。同时,塑料制品的处理成为一个急需解决的问题。

## 1.1　复合材料的定义

聚合物基木塑复合材料(wood plastic composites,WPC)是指以经过预处理的植物纤维或粉末(如木、竹、花生壳、椰子壳、亚麻、秸秆等)为主要组分(含量通常达到60%以上),与高分子树脂基体复合而成的一种新型材料。木塑复合材料的加工过程如图 1.1 所示。

图 1.1　木塑复合材料的加工过程

该材料具有植物纤维和高分子材料两者的诸多优点,能替代木材,可有效地缓解我国森林资源贫乏、木材供应紧缺的状况。其应用范围非常广泛(见图 1.2),主要应用在建材、汽车、货物的包装运输、仓储、装饰材料及日常生活用具等方面。由于植物纤维的可再生性、可被环境消纳性,所以 WPC 是一种极具发展前途的绿色环保材料,其生产技术也被认为是一项有生命力的创新技术。

图 1.2　无处不在的木塑复合材料

WPC 用途广泛,价格便宜,但是要生产出各方面性能优异的产品却不太容易。主要原因是:①因含有大量的亲水性基团——羟基,植物纤维具有很强的极性,而常见的树脂基体通常为非极性、不亲水的,故植物纤维和树脂基体间的相容性很差,界面黏结强度低,影响了 WPC 的机械性能;②由于羟基间可形成氢键,植物纤维之间有很强的相互作用,使得植物纤维在树脂基体中的分散极差,要达到均匀分散较为困难;③成型加工时植物填料易降解变色,同时高分子材料也会热降解,不适合的配混和加工工艺会导致 WPC 的性能下降。所以生产 WPC 制品的关键是在保证植物纤维高填充量的前提下,确保 WPC 的高加工流动性,树脂与木粉之间有良好相容性,以达到最佳力学性能,最终用较低的生产成本生产出具有较高使用性能的 WPC 制品。因此聚合物基WPC 的生产需解决以下三个方面的问题:

(1)原料处理:以提高高分子材料与植物纤维之间的界面相容性为主要目的;

(2)配方设计;

(3)制品的成型设备及成型工艺:如何通过成型机械、成型模具的设计和工艺条件(成型温度和压力)的设定,达到保持稳定加料、进行有效脱挥、提高木粉在体系中共混分散、保证产品性能的主要目的。

下面将会就这些问题进行具体阐述。

非极性或弱极性的高分子材料与强极性的植物纤维相容性差,因而未经预处理或未加任何添加剂的 WPC 性能极差。要改善 WPC 的性能,必须对两个组分进行相应的改性,以使得两者相容。对于聚合物基 WPC,改善其相容性主要有三种途径:对基体材料进行处理,对增强材料进行处理以及对界面特性进行改良。

## 1.2　复合材料的分类

### 1.2.1　复合材料按基体分类

WPC 兼有木材和塑料的特点,其硬度、耐磨强度、顺纹抗压强度、横纹抗压强度、尺寸稳定性等各项性能均较未处理木材强。同时,WPC 的吸湿膨胀性、热导率、阻燃性、耐腐蚀性和抗生物性能也比未处理木材要好。根据塑料树脂的品种不同,木塑复合材料可分为以下几大类。

1. 聚乙烯基木塑复合材料

Norma 等(2003)在挤出机中有过氧化物存在的条件下,在 LLDPE(linear low density polyethylene,线性低密度聚乙烯)上接枝马来酸酐(maleic anhydride,MA,顺丁烯二酸酐),和未处理的木粉复合,制得复合材料。结果表明:改性后的 LLDPE 的结晶度下降,但随着木粉的加入结晶度又上升,复合材料的拉伸强度、延展性和耐蠕变性都因为接枝马来酸酐而提高。

Lin(2002)研究了不同类型相容剂对 HDPE(high density polyethylene,高密度聚乙烯)/木粉复合材料的力学性能的影响。相容剂包括马来酸酐接枝聚丙烯、马来酸酐接枝低密度聚乙烯、马来酸酐接枝高密度聚乙烯。Rsj 等(1991)以 0～40%木粉增强 HDPE 为研究对象,研究了硬脂酸、矿物油、聚乙烯蜡的马来酸酐接枝物和硅酸钠对复合材料拉伸强度和冲击强度的影响。浙江大学的方征平等(1999)讨论了乙烯-丙烯酸共聚物(ethylene acrylic acid,EAA)对 LLDPE/木粉复合材料力学性能的影响,发现 EAA 对该体系有良好的增容作用,能明显提高材料的拉伸强度和冲击强度。北京化工大学的朱晓群等(2001)用木粉与 HDPE 复合制备了能代替木材的复合材料,考察了木粉含量、粒度、界面相容剂用量对复合材料力学性能、流动性的影响。

2. 聚丙烯基木塑复合材料

近年来,世界各国广泛开发改性 PP(polypropylene,聚丙烯)以替代工程塑料。已有不少文献报道了无机填料如滑石粉、硅灰石、碳酸钙填充改性 PP 的研究。结果表明:无机填料填充改性 PP 可提高其拉伸强度和弯曲强度,但其脆性提高,韧性下降,表现为断裂伸长率、冲击强度分别有不同程度的降低;而以木纤维作为填充材料改性

PP,可制得力学性能较好的复合材料。

Hristov等(2004)研究了以PP-g-MAH为相容剂,木粉为填料制得的复合材料的力学性能;Oksman等(1998)用未改性木粉制备PP/木粉复合材料。结果表明:与纯PP相比,加入木粉的复合材料的拉伸强度和冲击强度降低,无缺口冲击强度显著下降,杨氏模量和弯曲模量有所提高,传统的云母与滑石粉改性PP的效果要比木粉的效果好;将木粉和云母或滑石粉混合加入,强度比单独加木粉时高,这可能是因为木粉与无机粒子相互作用有助于分散。

李思良等(1998)用松木粉、杉木粉对PP填充改性,初步探讨了木粉的种类、表面处理和填充量对木粉填充改性PP性能的影响。利用NaOH溶液处理杉木粉,对提高杉木粉填充改性PP的断裂伸长率、拉伸强度、弯曲强度与冲击强度有较明显效果。添加2.5%～5%的杉木粉对PP填充改性,在拉伸强度略有下降而冲击强度与弯曲强度有一定程度提高的情况下,可有效提高PP的断裂伸长率。林群芳等(2002)以废弃木粉为增强材料,制备了木粉增强聚丙烯复合材料,研究了以改善废弃木粉来增强聚丙烯复合材料力学性能的途径。

3. PVC基木塑复合材料

PVC(polyvinyl chloride,聚氯乙烯)/木粉复合材料是工业化较早的木塑复合材料之一,使用量增长迅速。影响PVC基木塑复合材料性能的因素很多,例如热稳定剂、加工助剂、冲击改性剂、润滑剂、加工工艺、木粉的表面处理等都会对复合材料的性能产生影响。

Jiang等(2004)研究了以铜氨络合物处理木粉对PVC/木粉复合材料力学性能的影响。处理过的木粉使复合材料的无缺口冲击强度、弯曲强度明显提高。钟鑫等(2004)讨论了利用接枝的方法对木粉改性,提高其与PVC树脂的界面黏合性,并比较了硅烷偶联剂处理、碱浸泡与硅烷偶联剂双重处理、接枝改性3种木粉处理方法的优劣。赵义平(2001)研究了不同木粉处理方法对PVC基木塑复合材料性能的影响。采用了4种处理剂对木粉进行处理,处理过的木粉可以明显提高复合材料的拉伸强度,但冲击强度稍有降低;木粉采用碱处理后再用处理剂处理可明显提高相容性。

4. 废旧塑料/木粉复合材料

用木纤维与废旧塑料生产复合材料,既可充分利用丰富的天然资源,也可解决废旧塑料的处理问题,国内外的学者在这方面做了大量的研究工作。Dinteheva等

（1999）研究了分别以马来酸酐接枝聚丙烯、离子交换纤维为相容剂，在 PP 和 PE
（polyethylene，聚乙烯）混合的废旧塑料中加入 20％～40％ 木纤维制得的复合材料的
性能。结果表明：弹性模量显著提高，断裂伸长率和冲击强度下降，拉伸强度几乎不
变，相容剂的加入提高了力学性能。赵义平等（2005）做了木粉填充废旧 LDPE（low
density polyethylene，低密度聚乙烯）的研究。结果表明：经碱处理的木粉与未处理的
木粉相比可显著提高复合材料的力学性能。张明珠等（2000）对木粉/再生热塑性塑料
复合材料的相容性、流动性、加工工艺做了研究。

　　5. 其他树脂制备的木塑复合材料

　　除了上面常用的制备木塑复合材料的树脂外，也有学者用 PS（polystyrene，聚苯
乙烯）、ABS（acrylonitrile butadiene styrene copolymers，丙烯腈-丁二烯-苯乙烯共聚
物）等制备木塑复合材料。王玮等（2005）通过研究 ABS/木粉复合材料的力学性能，
比较了马来酸酐增容、马来酸酐原位增容、马来酸酐接枝 ABS 增容等不同增容方法对
复合体系的增容效果，发现 ABS 接枝物的增容效果优于原位增容效果；同时在 ABS/
木粉体系中引入复合基体 PVC，在确定 ABS/PVC 配比为 70/30 的基础上，考察了木
粉含量对体系性能的影响。肖亚航等（2004）用热模压成型的方法制备了不同木粉用
量的木粉/ABS 复合材料，并对其热模压成型工艺进行了探讨。结果表明：木粉用量
高达 60phr 时仍可热模压成型，但以不高于 40phr 为优。宋永明等（2004）用热塑性弹
性体对聚苯乙烯塑料进行增韧，以达到对木粉/再生聚苯乙烯复合材料增韧改性的目
的，并添加马来酸酐改性的苯乙烯聚合物作为复合材料的界面相容剂。结果表明：热
塑性弹性体的加入显著提高了复合材料的冲击性能，而且弯曲性能和拉伸性能保持得
较好。

　　木塑复合材料未来的发展方向是原料多样化、设备工艺专业化、产品高档化，开发
纤维含量高、应用领域广、综合性能高、使用寿命长的木塑制品。利用废旧塑料和废弃
的木材加工生产的木塑复合材料，不仅有利于治理污染，而且能节约木材资源，具有良
好的社会效益和经济效益，将是一种极有应用前景的复合材料。

## 1.2.2　复合材料按增强体分类

　　目前木塑复合材的制造方式主要有两种，一种是将塑料单体或者低聚合度树脂浸
入实体木材中，通过加热或辐射引发塑料单体或者低聚合度树脂在木材中进行自由基

聚合,所得复合材料称为塑合木。这种复合方式可以提高木材的尺寸稳定性、耐腐性、防蛀性,以及木材的物理力学性能。所浸注的单体一般采用苯乙烯和甲基丙烯酸甲酯等。另一种是将木材以刨花、纤维和木粉的形态作为增强材料或填料添加到热塑性塑料中,并通过加热使木材与熔融状态的热塑性塑料进行复合而得到复合材料。

从木塑复合材料的基体与功能体结合方式考虑,可将其分为以下三类:

(1)实体木材/塑料复合材料:此类材料以基体与功能体之间或功能体在基体内部的化学合成反应为主要特征。

(2)木纤维(木粉)/塑料复合材料:此类材料以木质纤维材料为基体与高分子塑料直接复合,其结合方式以两种材料表面(或界面)物理结合为主。此种材料的制造工艺是将木纤维或木粉与塑料充分混合,在混合过程中塑料熔化形成制品。当木材组分低于 50% 时,称为木质填料塑料;而木材组分高于 60% 时,则称为热塑性树脂增强型复合材料。该种复合材料的某些物理力学指标优于纯木材制品,可再加工成各种模压制品,在包装、家具、房屋建筑及汽车内饰件等领域具有广泛的应用。

(3)木材/塑料合金复合材料:将实体木材或单板用一种聚合物的单体或预燃物浸注,然后使其在木材中聚合。一般来说,这种聚合物不能进入木材的细胞壁,而是存在于细胞腔内。此种聚合材料比原有材料具有更高的强度、刚度、耐磨性及其他一些优良的物理性能,可制成地板、乐器、运动设备及装饰材料等。木材-塑料合金复合材料要求木材高分子与塑料完全融合,具有类似于金属材料以及共混高分子材料所达到的那种状态。该种复合材料制作过程中首先要对木材的化学组分进行改性,使其能溶于某些溶剂或在高分子塑料中均匀分散。

# 1.3　复合材料的性能特点

木塑复合材料结合了木材和塑料的长处,因此具有以下优点:

(1)社会经济性好,符合可持续发展理念,特别适于我国"保护天然林"的国策。

(2)耐用、寿命长,有类似于木质的外观,比塑料硬度高。

(3)具有优良的物性,比木材稳定性好,不会产生裂缝、翘曲,无木材竹疤、斜纹,加入着色剂、覆膜或复合表层可制成各种色彩绚丽的制品。

(4)具有热塑性塑料的加工性,容易成型,用一般塑料加工设备稍加改造后便可进行成型加工。加工设备投入资金少,便于推广应用。

(5)有类似于木材的二次加工性,可切割、粘接,用钉子或螺栓连接固定。

(6)可用于装潢、装饰,可涂漆美化,产品规格形状可根据用户要求调整,灵活性大。

(7)不怕虫蛀,耐老化,耐腐蚀,吸水性小,不会吸湿变形。

(8)能重复使用和回收再利用,可以生物降解,保护环境。

(9)有利于环境保护,可用废弃木材、农作物纤维和废弃塑料作材料。

(10)资源丰富,费用低廉,成本低。

木材和塑料复合,复合材料也继承了两者的部分缺点。尽管广大的科研和工程人员做了不懈努力,但木塑复合材料在各种使用场合中仍存在着一些不足,主要表现为:

(1)密度高,通常为木材的 2~4 倍。

(2)产品的安装费用相对较高(由于复合材料的密度较大,在组装时需要使用射钉枪或自攻螺钉)。

(3)耐热和耐紫外线能力较差。

(4)制品的硬度和载荷能力较木材差。

具体到产品使用过程中,有以下表现:

(1)制品抗冲击性能差,脆性大,易损坏断裂。其原因有:废旧塑料及木粉(天纤)质量不合格,选择不当,配方及工艺条件不合理,原料含水量高,加工时产生气泡,水解或热分解使树脂分子量降低。

(2)制品结构不密实,有气孔、蜂窝,剥离或分层。其原因有:原料混合不均匀,混炼效果不好,没有应用塑料改性技术,使两种极性不同的物质(塑料/天然纤维)不相容,不能牢固黏结。

(3)制品表面不平整,有斑孔、翘曲、变形。其原因有:螺杆、料筒有伤痕缺陷而引起物料滞留或炭化,原料不符合规格要求,含有杂质,没有选用流动性适宜、收缩率和各向异性小的基体树脂,对定型模冷却控制不好。

由于木塑复合材料具有单纯的木材和塑料无法比拟的诸多优点,已受到国内外的广泛关注。该材料是绿色环保材料,生产过程中可以回收利用低成本的废弃木材和塑料,木塑复合材料可取代木材,有效地缓解我国因森林资源贫乏而木材供应紧缺的矛盾。木塑复合材料生产技术既符合国家经济形势发展的需要,也符合国家的产业政策,而且产品使用范围广。因此,可以相信木塑复合材料是一种极具发展前途的材料,也是一项有生命力、有市场开发前景的创新技术,具有广阔的市场前景和良好的经济效益和社会效益。

# 1.4　复合材料的改性

鉴于木塑复合材料的性能和使用过程中的问题,需要对材料进行改性。总体来说,改性方式分为以下几类。

## 1.4.1　对木质部分进行处理

对木质的处理主要分化学和物理两大类方法。

1.化学方法

(1)表面接枝法:接枝是一种有效的改性方法,可以在复合前或复合时对植物纤维进行接枝。如可以用马来酸酐、异氰酸盐等接枝植物纤维。

(2)界面偶合法:用偶联剂与植物纤维形成共价键来改变界面黏合性。如采用硅烷偶联剂、钛酸酯偶联剂、铝酸酯偶联剂等(殷东平等,2010)处理纤维,改善纤维与树脂的相容性。偶联剂的最佳用量与偶联剂在木粉颗粒表面的覆盖程度有关。如果偶联剂用量太小,会因为填料表面的包覆不完全,难以形成良好的偶联分子层,而起不到理想的偶联和增容作用。用量太大,则偶联剂过剩,在木粉表面会覆盖过多的偶联剂分子,形成多分子层,易造成填料与树脂之间界面结构不均匀,且偶联剂中未反应的其他基团也会产生不良作用,从而降低复合材料的力学性能。

(3)乙酰化处理法:植物纤维表面的羟基经乙酸酐或烯酮处理后,木材上的极性羟基基团被非极性的乙酰基取代而生成酯。在工业上通常使用乙酸酐、冰乙酸、硫酸的混合液进行乙酰化处理。

(4)低温等离子处理法:用低温等离子处理能引起化学修饰、聚合、自由基产生以及植物纤维的结晶度改变等物理变化。

2.物理方法

(1)物理加工法:通过拉伸、压延和热处理等方法对木纤维或木粉等进行预处理,这种方法不改变其表面的化学组成,但是可改变纤维的结构与表面性能。

（2）碱处理法：用 NaOH 等溶解木质中部分果胶、木质素和半纤维素等低分子杂质，不改变主体纤维素的化学结构，使微纤旋转角减小，分子取向提高，从而提高微纤的断裂强度等。其处理效果主要取决于碱金属溶液的类型及溶液的浓度。

（3）酸处理法：用低浓度的酸液处理木质部分，主要除去影响材料性能的果胶等杂质。

（4）有机溶剂处理法：主要洗脱木质中的蜡质，从而提高木质部分和聚合物基体间的黏结性。

（5）原纤的表面放电处理：主要采用溅射放电、电晕放电等，以引起物理方面的变化，使植物纤维表面变得粗糙以增强界面间的黏结性能。

## 1.4.2　对树脂部分的处理

通过在基体树脂上引入极性基团改变其极性，常用的方法是用马来酸酐（MA）接枝处理聚合物。如用马来酸酐对 LLDPE 作改性处理，在自由基存在的条件下用马来酸酐对线性低密度聚乙烯进行接枝反应，将 MA 上的极性基团引入非极性的聚乙烯分子上，形成 LLDPE-MA 共聚物。LLDPE 改性后，大分子上的羧基极性基团与木纤维分子中的羟基，由于极性相近，分子间的作用力增强，使得两者间的相容性增强，从而提高了 WPC 的整体性能。

## 1.4.3　添加相容剂

目前，添加相容剂是改善相容性采用最多的一条途径。添加的相容剂一般是一端含有极性基团，另一端含有非极性基团的化合物。根据相似相容原则，含有极性基团的一端与木质部分相容，而含有非极性基团的一端则与树脂部分相容，起到桥梁作用而将两者结合在一起。一般相容性的改善是通过降低两相间的界面能，促进木纤维在树脂相中的分散，降低木纤维之间的凝聚力，提高聚合物基体的容纳能力而实现的；另外还通过增加高分子链与纤维间的机械缠绕而提高界面的黏结力，得到优良性能的制品。这类物质主要有乙烯-丙烯酸酯共聚物、马来酸酐改性聚丙烯、酚醛树脂等。

# 2 木塑复合材料的发展及应用

## 2.1 木塑复合材料的发展

早在几十年前,美国就开始了对木塑复合材料的研究,但由于加工技术不成熟,与塑料和纯木材制品相比,木塑复合材料有很多性能缺陷,其一直没有迅猛地发展。随着工业技术水平的提高,新的加工工艺使得木塑复合材料的使用性能大幅度提高,木塑制品的市场迅速打开。大规模的工业化木塑复合材料生产始于 20 世纪 80 年代,随着汽车工业的迅猛增长,汽车内饰件的需求空前加剧,随后木塑复合材料一直保持稳定增长。随着市场的进一步开拓与挖掘,木塑复合材料越来越多地应用于房地产、公共设施等方面。1991 年,国际木塑复合材料会议在美国召开。在 20 世纪 90 年代的十年间,美国的木塑行业获得了长足的发展,每年的增长都在 10% 以上。经过多年的发展,美国已经有 50 多家年产量在万吨以上的木塑企业,其中最大的几家公司已在纽约证券交易所上市,形成了一个从产品开发、原材料收集、设备制造、模具研发、制成品生产到营销的完整工业。欧洲木塑工业总体发展不如北美地区,但近年来有加快走向。欧洲木塑企业不多,产量和科技水平与中国企业相称,但其拥有强盛的装备制造能力,发展潜力不可小视。欧洲人对木塑材料的要求比较细腻,对品种花色的需求也大于北美,室内装修装饰和户外建筑齐头并进,但使用的技术和商品行情还不甚成熟,有增长的空间。日本由于地理原因和环境保护意识,木塑材料的使用比较普遍,产品质量亦优良。日本的木塑研发机构经过十多年的努力,研发出高品质的木塑材料。其产品具有自然的木材色泽和质感,已在房屋建设和内装饰领域得到广泛应用,是目前世界上品质最高的产品之一,代表了木塑材料替代天然木材的质量水平和发展趋势。

中国塑协塑木制品专业委员会发布的报告显示,2001 年,仅北美地区的年耗材量就在 32 万吨以上。近年来,平均每年以两位数的速度增长,2015 年的用量是 2011 年用量的两倍以上。其中,美国在行业研发和市场开拓上一直走在前列。在欧洲,木塑复合材料的发展强劲,技术已经达到共挤阶段,在家具制造行业,一直保持持续增长,即将占据主导地位。此外,日本的发展也处于国际领先水平。

截至 2015 年,全国木塑企业有 150 家左右,这些企业大多技术水平落后,还处于木塑工业的初级阶段。截至 2009 年年底,国内集结在木塑产业链上的主流企业已达 300 余家。特别重要的是,在各方力量的共同努力下,国内木塑材料/制品的制造水平已跃居世界前列。随着政府的大力推广与社会观念的更新,木塑行业将会越来越热。截至 2015 年,我国木塑工业从业人员有数万人,木塑制品年产销量已接近 10 万吨,年产值超过 8 亿元。木塑企业集中分布在珠三角和长三角地区,东部远远超过中西部。东部个别企业工艺水平领先,南方企业则有产品数量和行情的绝对优势。行业内重要科技代表企业的试验样品已达到或超过世界先进水平。一些行业外的大型企业和跨国集团也在密切关注中国木塑工业的动态。

## 2.2  木塑复合材料的应用

中国的天然木材资源日益减少,木质制品的行情需求量却与日俱增。巨大的行情需求和科技突破必然会不断拓宽木塑材料的行情通道。

1. 包装制品

木塑复合材料应用于包装行业主要是制成托盘(见图 2.1)、包装箱、集装器具等。以托盘为例,据 2015 年中国国际复合材料科技大会,北美地区托盘用量高达 2 亿多个,木塑托盘产品已经占据近一半市场份额。据日本托盘协会统计,日本托盘用量每年约 600 万个。中国物流与采购联合会托盘专业委员会预测,近几年内,我国木托盘的平均使用量将会突破每年 8000 万个,其中木塑托盘将会越来越受到青睐,必将占据一定市场份额。

图 2.1　木塑复合材料包装托盘

2.仓储、运输制品

　　木塑复合材料因具有耐潮、耐腐、防虫蛀等特点,主要被用于仓储行业中的货架铺板、枕木、铺梁、地板等。在我国,仓储行业应用木塑复合材料虽然起步较晚,但在2002 年上半年,应用于制药业、粮储业的木塑仓储铺板用量已达到 8 万多平方米,应用于军事领域的木塑枕木使用量也高达 20 万平方米。

　　木塑复合材料也广泛应用于运输中,包括插车货板、仓储垫板、铁路枕木(见图 2.2)等。

图 2.2　木塑复合材料做铁路的枕木

3.城建用品

木塑复合材料制成的凉亭、座椅、花盆、垃圾桶等,具有防水、防潮、防腐等特点,而且使用寿命长、价格低,在北美地区应用普遍。加拿大温哥华市的花园、路边座椅70%以上使用的是木塑复合材料。在我国,随着建设节约型社会的提出,在这些方面用木塑复合材料取代木材的趋势也愈加明显。

Principia Partners 咨询公司 2003 年的一项研究表明,北美和西欧市场上共有 60 万吨的木塑复合材料需求量,而北美的需求量占 85%。建筑材料的木塑复合材料需求量占北美木塑复合材料需求量的 80%。在北美地区,木塑复合材料的主要应用有地面铺设(木板路和平台)(见图 2.3)等。在西欧地区,同样的调查表明,车用材料的木塑复合材料需求量占总需求量的一半以上,而建筑用材料占 30%。

图 2.3　木塑复合材料应用于地面铺设

木塑复合材料在亚洲同样受到欢迎,尤其是在日本,木塑复合材料在室外平台、地板、墙壁等方面的应用越来越普及,图 2.4 中木塑复合材料应用于码头。

图 2.4　木塑复合材料作为码头材料

4.其他用品

随着人们对木塑复合材料认识的不断提高,制造木塑复合材料的技术水平不断升级,产品的应用领域不断扩大,汽车内装饰、复合管材、铁路枕木、车厢箱板、电缆护管、井盖等产品研发,已从论证阶段步入应用测试阶段,相信在不远的将来,木塑复合材料的应用领域将进一步扩大。如在汽车上的应用,美国的福特,德国的奔驰、奥迪、高尔夫、宝马,日本的丰田,法国的雪铁龙,瑞典的沃尔沃等名牌轿车的内装饰基材,均在不同程度上使用了木塑复合材料。从近几届国际汽车博览会推出的轿车零部件产品来看,采用木塑复合材料制造轿车内装饰件基材,已经成为此类产品发展的趋势。

木塑复合材料广泛应用于车辆、船舶中,用于汽车内装基材、风扇罩、仪表架等部件,船舶内装基材和隔热材等,如图 2.5 所示。

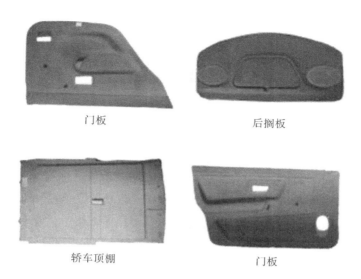

门板　　　　　　　　　　　　后搁板

轿车顶棚　　　　　　　　　　门板

图 2.5　木塑复合材料汽车内饰产品

# 3　复合材料成型工艺与特点

复合材料成型工艺是复合材料工业的发展基础和条件。随着复合材料应用领域的拓宽,复合材料工业得到迅速发展,传统的成型工艺日臻完善,新的成型方法不断涌现。目前,聚合物基复合材料的成型方法已有20多种。常用工艺有手糊成型、喷射成型、树脂传递模塑成型(resin transfer molding,RTM)、缠绕成型、拉挤成型、热模压成型(glass molding technic,GMT,或 sheet molding compound,SMC)等。

## 3.1　手糊成型技术与特点

### 3.1.1　手糊成型原理

手糊成型工艺是树脂基复合材料生产中最早使用和应用普遍的一种成型方法,它是指将纤维浸渍树脂后手工铺在模具上,纤维黏结在一起然后固化的成型工艺。手糊成型技术很少受制品形状及大小的限制,模具费用低,对于那些品种多、生产量小的大型制品,手糊成型技术是非常适用的。

### 3.1.2　手糊成型的原材料

手糊成型工艺所用的原材料包括增强材料、基体材料和辅助材料。

1.增强材料

手糊成型对增强材料的要求有:①易于被树脂浸透;②有足够的形变性,能满足制品形状复杂的成型要求;③气泡容易扣除;④能够满足制品使用条件的物理和化学性能要求;⑤价格合理(尽可能便宜),来源丰富。

用于接触成型的增强材料有玻璃纤维及其织物、碳纤维及其织物、芳纶纤维及其织物等。其中,常用的玻璃纤维增强材料有以下几种:玻璃纤维无捻粗纱、玻璃纤维无捻粗纱布、玻璃纤维加捻布、短切玻璃纤维毡、玻璃纤维织物。

**2. 基体材料**

手糊成型工艺对基体材料的要求有:①在手糊条件下易浸透纤维增强材料,易排除气泡,与纤维黏结力强;②在室温条件下能凝胶、固化,且收缩小,挥发物少;③黏度适宜:一般为 $0.2\sim0.5\mathrm{Pa\cdot s}$,不能产生流胶现象;④无毒或低毒;⑤价格合理,来源有保证。

在手糊成型技术中,最常用的是不饱和聚酯树脂,其次是环氧树脂、酚醛树脂和呋喃树脂,乙烯基树脂等也有少数应用。

**3. 辅助材料**

手糊成型工艺中的辅助材料主要是指填料和色料两类,而固化剂、稀释剂、增韧剂等归属于树脂基体体系。

## 3.1.3 手糊成型的模具及脱模剂

**1. 模具**

模具是各种接触成型工艺中的主要设备。模具的好坏,直接影响产品的质量和成本,必须精心设计制造。

设计模具时,必须综合考虑以下要求:①满足产品设计的精度要求,模具尺寸精确,表面光滑;②要有足够的强度和刚度;③脱模方便;④有足够的热稳定性;⑤重量轻,材料来源充分,造价低。

模具材料应满足以下要求:①能够满足制品的尺寸精度、外观质量及使用寿命要求;②模具材料要有足够的强度和刚度,保证模具在使用过程中不易变形和损坏;③不受树脂侵蚀,不影响树脂固化;④耐热性好,制品固化和加热固化时,模具不变形;⑤容易制造,容易脱模;⑥制成的模具重量轻,方便生产;⑦价格便宜,材料容易获得。能用作手糊成型模具的材料有木材、金属、石膏、水泥、低熔点金属、硬质泡沫塑料及玻璃钢等。

**2. 脱模剂**

脱模剂应满足以下基本要求:①不腐蚀模具,不影响树脂固化,对树脂的黏结力小于 $0.01\mathrm{MPa}$;②成膜时间短,厚度均匀,表面光滑;③使用安全,无毒害作用;④耐热,加热固化过程中不分解;⑤操作方便,价格便宜。

手糊成型工艺的脱模剂主要有薄膜型脱模剂、液体脱模剂和油膏、蜡类脱模剂。

### 3.1.4 手糊成型的优缺点

手糊成型工艺有以下优点:①不需要复杂的设备,只需要简单的模具、工具,固定投资少、见效快,比较适合应用于我国乡镇企业;②生产技术易掌握,人员只需要经过短期的培训即可进行生产;③所制作的复合材料产品不受尺寸、形状限制,如大型游船、圆屋顶、水槽等均可;④可与其他材料(如金属、木材、泡沫等)同时复合成一体;⑤对一些不宜运输的大型制品(如大罐、大型屋面)均可现场制作。

但是手糊成型也存在许多缺点:①生产效率低,速度慢,生产周期长,对于大批量的产品不太适合;②产品质量不够稳定,由于操作人员的技能水平不同及制作环境条件的影响,产品的质量稳定性较差;③生产环境差,气味大,加工时粉尘多。

### 3.1.5 手糊成型的应用

由于手糊成型工艺设计自由,因此可根据产品的技术要求设计出多种多样的复合材料制品。采用手糊成型工艺制作的复合材料产品的用途比较广泛,主要有以下几个方面:

(1)建筑制品:波形瓦、采光罩、风机、浴盆、组合式卫生间、冷却塔、活动房屋、玻璃钢大棚等。

(2)造船业:渔船、游船、游艇、交通艇、救生艇、灯塔、水中浮标、养殖船等。

(3)机械电器设备:机器罩、配电箱、医疗器械外罩、电池箱、开关盒等。

(4)体育游乐设备:赛艇、舢板、滑板、球杆、人造攀岩墙、冰车、风帆车、海底游乐设备等。

# 3.2 喷射成型技术与特点

### 3.2.1 喷射成型原理

喷射成型也称半机械化手糊成型,是利用喷枪将玻璃纤维及树脂同时喷到模具上而制得复合材料的工艺方法。具体做法是:将加了引发剂的树脂和加了促进剂的树脂分别由喷枪上的两个喷嘴喷出,同时用切割器将连续玻璃纤维切割成短切纤维,由喷枪的第三个喷嘴均匀地喷到模具表面上,用小辊压实、固化。

### 3.2.2　喷射成型的优缺点

喷射成型的优点是:①利用粗纱代替玻璃布,可降低材料费用;②半机械操作,生产效率比手糊成型高 2～4 倍,尤其对大型制品,这种优点更为突出;③用喷射成型工艺制成的无搭缝制品整体性好;④飞边、裁屑和胶液损耗少。

喷射成型的缺点是树脂含量高,制品强度低,制造现场粉尘大。

### 3.2.3　喷射成型机的分类

喷射成型机按喷射方式分类,可分为:

(1)高压型:①用泵把树脂送入喷枪,借泵压进行喷射;②用空压机对树脂罐和固化剂罐加压,在该压力下,将树脂和固化剂压入喷枪进行喷射。

(2)气动型:树脂、固化剂或它们的混合物借压缩空气喷出的力与空气雾化,由喷枪喷出。

按混合形式分类,可分为:

(1)内部混合型:在喷枪内部混入引发剂后进行喷射。

(2)外部混合型:分别含有促进剂和引发剂的树脂由喷枪喷出,并呈雾状相互混合。有单独喷射引发剂和喷射含引发剂的树脂两种类型。

(3)已混合型:事先调配好含促进剂和引发剂的树脂,由喷枪喷出。

## 3.3　树脂传递模塑成型技术与特点

随着复合材料应用领域的不断拓宽,复合材料工业得到迅速发展,成型技术日益完善,新的成型方法不断涌现。

早期,复合材料部件的生产多采用手糊成型工艺,但手糊制品质量稳定性差,劳动强度大,不能满足工业化生产的要求。后来发展起来的喷射成型,生产质量和效率有所提高,应用于形状简单较大部件的生产。20 世纪 60 年代模压成型和 BMC(bulk molding compound,团状模复合材料)工艺的出现,为工业化生产大型部件提供了可行性。在随后的 20 年里,模压成型和 BMC 技术迅速发展,并得到了广泛应用(殷东平等,2010)。20 世纪 80 年代,由于市场需要的多样性,以树脂传递模塑成型(RTM)工艺为代表的先进液体模塑技术迅速发展。这类技术属于高性能、低成本制造技术,工艺方法灵活,能够一次成型带有夹芯、加筋、预埋的大型结构件,比其他工艺更具有竞争力(刘志杰等,2015)。

### 3.3.1 RTM 工艺的原理

RTM 工艺是从湿法铺层和注塑工艺演变而来的一种新的复合材料成型工艺(赵娟,2011;张胜佳,2015)。树脂传递模塑工艺,一般是指在闭合模腔中预先铺放好按性能和结构要求设计好的增强材料预成型体(包括螺栓、螺帽、聚氨酯泡沫塑料等嵌件),夹紧后在一定温度及压力下将配好的树脂从置于适当位置的注入孔注入模具中,在室温或升温条件下使之与增强材料一起固化,最后启模、脱模而得到成型制品,如图 3.1 所示。

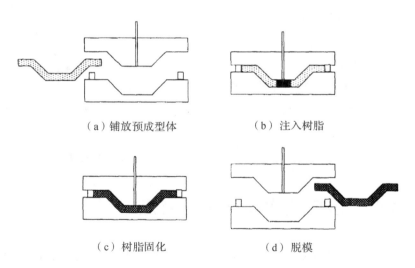

（a）铺放预成型体　　　　（b）注入树脂

（c）树脂固化　　　　（d）脱模

图 3.1　RTM 工艺

### 3.3.2 RTM 工艺的优势

与手糊成型、喷射成型、缠绕成型、热模压成型等传统工艺相比,RTM 成型工艺的优势主要表现在:

（1）RTM 工艺有增强材料预成型体加工和树脂注射固化两个步骤,具有高度灵活性和组合性(陈婷,2015);

（2）采用了与制品形状相近的增强材料预成型技术,纤维树脂的浸润一经完成即可固化,因此可用低黏度快速固化的树脂,并可对模具加热而进一步提高生产效率和产品质量;

（3）增强材料预成型体可以是短切毡、连续纤维毡、纤维布、无皱折织物、三维针织物以及三维编织物,并可根据性能要求进行选择性增强、局部增强、混杂增强以及采用预埋和夹芯结构,可充分发挥复合材料性能的可设计性(杨川,2010);

（4）封闭模树脂注入方式可极大减少树脂有害成分对人体和环境的毒害;

（5）RTM 一般采用低压注射技术,有利于制备大尺寸、外形复杂、两面光洁的整体结构以及不需后处理的制品(蔡闻峰,2008;郭丽敏等,2010);

（6）加工中仅需用树脂进行冷却;

（7）模具可根据生产规模的要求选择不同的材料,以降低成本。

### 3.3.3　RTM 工艺存在的不足

目前,RTM 工艺还存在一些问题,主要表现在(何亚飞,2011;杨文志等,2015):

（1）树脂对纤维的浸渍不够理想,制品里存在高空隙率、干纤维的现象;

（2）制品的纤维含量较低,一般为 50%;

（3）大面积、结构复杂的模具型腔内,模塑过程中树脂的流动不均衡,不能进行预测和控制,对于制造大尺寸复合材料来说,模具成本高,脱模困难。

### 3.3.4　RTM 工艺改进

RTM 已经成为一种主要的复合材料低成本制造工艺,近些年获得了很大的发展。针对传统 RTM 工艺制件纤维体积含量低,复杂构件不能整体成型等不足,已开发出很多新的 RTM 工艺,主要有柔性辅助 RTM 工艺、真空辅助 RTM(vacuum assisted resin transfer molding,VARTM)工艺、SCRIMP(Seeman composites resin infusion manufacturing process)工艺、共注射 RTM(co-injection resin transfer molding,CIRTM)工艺等。

1.柔性辅助 RTM 工艺

此工艺主要用来制造空心结构,利用柔性模对预成型体的压实作用,提高了制件的纤维体积含量。由于构件套合在柔性模上,脱模更为容易(邵刚强等,2015;王永红等,2012)。

此工艺过程为:在柔性模上铺放好干态的预成型体,置入刚性的阴模中,把树脂注入模腔中并控制柔性模膨胀(或先使柔性模膨胀,然后注射树脂),固化成型,脱模。为了控制柔性模的膨胀,可采取加热柔性模或向密闭的柔性模中充气的方法。前者可称为热膨胀软模辅助 RTM 工艺,后者为气囊辅助 RTM 工艺(Khalil et al.,2012;谭小波,2015)。

1)热膨胀软模辅助 RTM 工艺

将预成型体铺放在聚氨酯泡沫、硅橡胶等软质材料上,然后将其置入刚性阴模内,利用软模材料与阴模材料热膨胀系数的差异,在模具加热过程中,软模受热膨胀,对预成型体起到挤压作用,从而提高构件的致密性。

该工艺由于能够以较低成本整体成型大尺寸、复杂结构的复合材料构件,受到人们的关注。如 Bondeson 等(2007)利用热膨胀软模辅助 RTM 工艺成功成型了内部结构复杂的复合材料舱段构件。并进行了静载性能研究,结果表明,舱段整体力学性能优异,可满足航天主承力结构件的使用要求。国内学者采用热膨胀成型工艺,一次性固化成型制成复合材料背架构件。其工艺过程为:先在钢质阴模内铺放预浸料,然后在模腔内放置膨胀芯模,模具组装后进行加热固化。

2)气囊辅助 RTM 工艺

气囊辅助 RTM 工艺是将预成型体铺放在密封的气囊上,置入模腔内,通过气囊充压压实预成型体,使预成型体贴附在模腔内表面赋形。气囊辅助 RTM 工艺预成型体铺放方便快捷,气囊压力容易控制,对预成型体压实效果显著。国外在该方面有较多的研究。

图 3.2 为气囊辅助 RTM 工艺原理。由图 3.2 可见,预成型体的外形与最终构件的外形并不一样,预成型体铺放在气囊上,置入模腔后即充压使得预成型体贴附在模腔内壁上,空心构件的外形是靠模腔的内壁形状保证的。

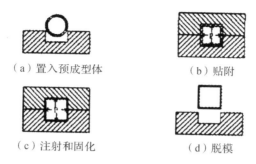

（a）置入预成型体　　　　　　　（b）贴附

（c）注射和固化　　　　　　　（d）脱模

图 3.2　气囊辅助 RTM 工艺原理

2.真空辅助 RTM 工艺

1）真空辅助 RTM 工艺原理

真空辅助 RTM 工艺是利用薄膜将增强材料密封于单边模具上,完全借助真空将低黏度树脂吸入,利用高渗透率介质沿增强材料的表面快速浸渍,并同时向增强材料厚度方向进行浸润的加工工艺（Nguyen,2014;魏俊伟等,2012）。这里所说的敞开模具是相对传统 RTM 的双层硬质闭合模具而言的,真空辅助 RTM 模具只有一层硬质模板,将纤维增强材料按规定的尺寸及厚度铺放在模板上,用真空袋包覆,并密封四周,真空袋采用尼龙或硅树脂制成。注射口设在模具的一端,而出口则设在另一端,注射口与 RTM 喷枪相连,出口与真空泵相连。当模具密封完好,确认无空气泄漏后,开动真空泵抽真空,达到一定真空度后,开始注入树脂,固化成型。工艺原理如图 3.3所示。

2）真空辅助 RTM 工艺特点

与 RTM 工艺相比,真空辅助 RTM 工艺的优点有：

（1）模腔内抽真空使压力减小,增加了使用更轻型模具的可能性,从而使模具的使用寿命更长,可设计性更好;

（2）真空袋材料取代了在 RTM 中的需相配对的金属模具;

（3）真空提高了玻璃纤维与树脂的比率,使玻璃纤维的含量更高,增强了制品的强度;

（4）无论增强材料是编织的还是非编织的,无论树脂类型、黏度如何,真空辅助RTM 工艺都能大大提高模塑过程中纤维的浸润性,使树脂和纤维的结合界面更完

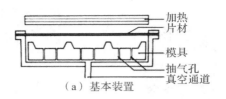

（a）基本装置

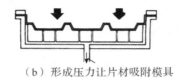

（b）形成压力让片材吸附模具

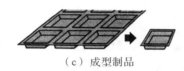

（c）成型制品

图 3.3　真空辅助 RTM 工艺工作原理

美，提高制品的质量；

（5）用真空辅助 RTM 工艺可使直径为 38.11mm 的致密预成型坯的纤维体积含量为 16%～68%，累计孔隙率为 1.7%，而普通的预浸料的孔隙率为 5%～7%（刘刚等，2012；谢超，2014）。

虽然真空辅助 RTM 工艺可提高制品的成品率和力学性能，但是与 RTM 相比，纤维含量低。随着科学技术的发展和国内外各科研单位、生产厂家对真空辅助 RTM 工艺的重视程度及认识程度的不断加深，近十几年来，国内外许多学者对真空辅助 RTM 成型工艺中缺陷的形成原因及消除进行了深入细致的研究。

3. SCRIMP 工艺

SCRIMP 工艺是一种比较新颖的复合材料成型工艺，以既经济又安全的方法生产高品质的大型制品见长，近年来在国外有关资料中时有报道。SCRIMP 成型技术是一种低成本制造技术（复合材料制造成本占总成本的 60%～70%）。自 20 世纪 80年代末开发出来后，在航空、航天、船舶、基础结构工程、交通、防御工程等领域得到了人们的普遍关注。经过多年的发展，目前该工艺已由研究开发阶段逐步进入规模化的工程应用阶段（Masoodi et al.，2012；Francucci et al.，2014）。

1) SCRIMP 工艺原理

SCRIMP 成型工艺同 RTM 类似,也是采用干织物或芯层材料作预成型。与 RTM 的不同之处在于它只需一半模具和一个弹性真空袋。事先将一层或几层纤维织物或芯层铺放在模具里面。真空袋一般采用尼龙或抗撕裂、延伸性能好的硅橡胶材料,在模具上形成封闭的腔,真空袋上有一个或几个真空出口。模具上有一个或几个树脂注入口,树脂通过注入口注入增强材料中。在高真空度下,增强材料被压实的同时吸入树脂。SCRIMP 成型工艺的关键在于真空袋下面的分散介质层,它是一种针织网状织物,含有互相交错的树脂分布通道。小于大气压的压力通过弹性真空袋作用在铺层材料上,在树脂注入前将玻璃纤维压实,降低空隙率,纤维与树脂的重量比可达 70∶30。在工艺中还有一个可透过树脂的剥离层,铺在分散介质层和制品之间,在制品固化成型后,剥离层连同多余的树脂一起揭掉,在靠近模具面,可得到表面效果理想的大型制品。

2) SCRIMP 工艺特点

(1)SCRIMP 是一个闭合式系统,操作人员同苯乙烯隔离,并且不需要接触其他有机材料。

(2)纤维层在高真空度下被压实,孔隙率极低,纤维与树脂的重量比可达 70∶30,又加上有分散介质层的存在,使树脂快速而均匀地渗透到纤维层,控制手段比手糊成型更为严密,从而使质品满足强度要求,重复性好,质量可靠。

(3)一般来说,SCRIMP 制品越大,经济性越高。生产大型 RTM 制品,模具费用和注射设备费用相当高,而同样尺寸的 SCRIMP 模具费用却与手糊成型相当,而且不需要注射设备,同时劳动力费用比手糊成型降低 50%。

(4)由于精心设置的树脂分配系统使树脂胶液先迅速在长度方向上充分流动填充,然后在真空压力驱动下在厚度方向上缓慢浸润,改善了浸渍效果,减少了缺陷的发生。

4.共注射 RTM 工艺

美国特拉华大学复合材料中心的 Fink 等人(1999)提出了一种改进型的 RTM 工艺——共注射 RTM,可以将两种以上的树脂同时注入模具中以浸渍纤维预成型体,用于制备多功能层复合材料。

1)共注射 RTM 工艺原理

与普通 RTM 不同的是,共注射 RTM 工艺由两套 RTM 注射系统分别将两种不同种类的树脂同时注入预先铺设好预成型体并抽真空的模具中(Alix et al.,2011; Zhang et al.,2012)。可通过调节两套注射系统的注射压力来实现两种胶液在模腔中同步浸润各自不同的纤维增强体,充模完成后进行共固化操作。

2) 共注射 RTM 工艺特点

共注射 RTM 工艺在制备不同树脂体系的多层复合材料上具有显著优势。但是当两种树脂注射条件和固化条件相差较大时,共注射和共固化条件的确定仍是难题。Fink 等(1999)首先通过数值分析和有限元模拟的方法对共注射工艺过程中两种树脂横向流动机理进行了研究,并且对树脂在浸渍过程中的横向流动进行了定量分析。研究结果表明,如果采用共注射 RTM 工艺制备大尺寸构件或树脂的黏度相差很大时,两种功能层预成型体之间应该需要一个完全不可渗透的隔层。

## 3.3.5 影响 RTM 工艺的因素

运用 RTM 工艺的关键是正确地分析、确定和控制工艺参数。主要工艺参数有注胶压力、注胶速度、注胶温度等。这些参数是相互关联、相互影响的。

1.注胶压力的影响

压力是影响 RTM 工艺过程的主要参数之一(匡宁等,2015;Jonoobi et al.,2010)。压力的高低决定模具的材料要求和结构设计,高的压力需要高强度、高刚度的模具和大的合模力。如果高的注胶压力与低刚度的模具结合,制造出的制件质量就差。

在 RTM 工艺中,应在较低压力下完成树脂压注。为降低压力,可采取以下措施:降低树脂黏度;模具注胶口和排气口设计适当;纤维排布设计适当;降低注胶速度。

2.注胶速度的影响

注胶速度同样也是一个重要的工艺参数。注胶速度取决于树脂对纤维的润湿性和树脂的表面张力及黏度,其受树脂的活性期、压注设备的能力、模具刚度、制件的尺寸和纤维含量的制约。人们希望获得高的注胶速度,以提高生产效率。从气泡排出的角度出发,也希望提高树脂的流动速度,但不希望速度提高的同时伴随压力的升高。

另外,充模的快慢也是不可忽略的重要因素。纤维与树脂的结合除了需要用偶联剂预处理以加强树脂与纤维的化学结合力外,还需要有良好的树脂与纤维的结合紧密性(王共冬等,2012;陈跃鹏等,2012)。这通常与充模时树脂的微观流动有关。有研究人员用充模时的宏观流动来预测充模时产生夹杂气泡、熔接痕甚至充不满模等缺陷,用微观流动来估计树脂与纤维之间的浸渍和存在于微观纤维之间的微量气体的排除量(通常用电子显微镜才能检测)。由于树脂对纤维的完全浸渍需要一定的时间和压力,较慢的充模和一定的充模反压有助于改善RTM工艺的微观流动状况。但是,充模时间增加降低了RTM工艺的效率。所以,这一对矛盾也是目前的研究热点。

3.注胶温度的影响

注胶温度取决于树脂体系的活性期和最小黏度的温度。在不至于太大缩短树脂凝胶时间的前提下,为了使树脂在最小的压力下让纤维获得充足的浸润,注胶温度应尽量接近最小树脂黏度的温度。过高的温度会缩短树脂的工作期;过低的温度会使树脂黏度增大,而使压力升高,也会降低树脂正常渗入纤维的能力。较高的温度会使树脂表面张力降低,使纤维床中的空气受热上升,因而有利于气泡的排出。

## 3.3.6　RTM树脂基体的要求

RTM成型制品质量好坏、性能高低、工艺可操作性与RTM所选树脂有密切关系。因此,研究RTM适用的树脂基体显得尤为重要。

RTM用树脂体系应满足:

(1)黏度低,浸润性好,便于树脂在模腔内顺利均匀地通过并浸渍纤维;

(2)固化放热峰低,以100～180℃为宜;

(3)活性高,凝胶时间和固化时间短,但在注射时又要有较长的适用期;

(4)树脂系统不含溶剂,固化时无低分子物析出,同时又适宜增加填料,尤其是树脂消泡性要好;

(5)收缩率低,以保证制品尺寸准确,且所需的树脂应为预促进型。

RTM使用的高性能树脂基体包括不饱和聚酯树脂、乙烯基酯树脂、环氧树脂、双马来酰亚胺树脂、热塑性树脂。目前主要为环氧树脂。

## 3.3.7　RTM增强材料的要求

RTM工艺对增强材料的限制很小。玻璃纤维(包括E-玻璃纤维和S-玻璃纤维)、芳纶纤维和碳纤维都可以使用。根据不同的要求,天然纤维和一些有机纤维,如聚酯纤维,也可在 RTM 中使用。有时也使用金属作结构的局部增强,在这种情况下应考虑使用环境条件对所选择金属的影响,采用相应的防护措施。增强体预制件可根据应用采用不同的工艺制备。

RTM 成型对增强材料的要求有:

(1)增强材料的分布应符合制品结构设计的要求,要注意方向性;

(2)增强材料铺好后其位置和状态应固定,不应因合模和注射树脂而动;

(3)对树脂的浸润性要好;

(4)有利于树脂的流动并能经受树脂的冲击。

### 3.3.8 RTM 工艺的应用

目前 RTM 工艺的应用已覆盖了多个领域。

1.航空航天领域

航空航天领域对树脂基复合材料的要求较高,如要求其耐热性高、力学性能优异、制件精度高、性能分散性小。要达到如此高的要求,虽用传统的成型工艺能实现,但制品的成本较高,生产效率低。而 RTM 技术在制造,高性能复合材料方面具有明显的优越性。

Dauglas 公司在 NASA(National Aeronautics and Space Administration,美国国家航空航天局)的资助下,开展了使用 RTM 工艺制造机身与机翼的研究工作。制造出了 1.2m×1.8m,并带有 6 根高 50mm、厚 6mm 增强筋的壁板。同时 Douglas 公司用 RTM/增强材料缝合物研制了大型运输机机身蒙皮。

RTM 工艺的另一个重要应用是制造高性能雷达罩。它具有结构均匀、致密、空隙率低、表面光滑、尺寸精度及准确度高的特点,从而为雷达罩应具有优良的介电性能提供了可靠的保证。中国航空工业济南特种结构研究所用 RTM 工艺制成了几种战斗机雷达罩,主要有歼-10 战斗机、米格-21 战斗机、歼-8 战斗机雷达罩等。

2.汽车领域

RTM 工艺在汽车制造业中的应用非常广泛。日本新能源产业技术综合研发机构(New Energy and Industrial Technology Development Organization,NEDO)与名古屋大学国立复合材料研究中心(National Composite Center,NCC)成功研发了世界首个碳纤维增强热塑性复合材料汽车底盘;丰田新 4WD 雪暴车的车顶和后侧部,采用了 37kg 的 RTM 成型件;日本的北关工业公司使用 CF/AF 混织布成型汽车用的后稳定气翼和后支柱、卡车用导风板;英国 Plaxton 汽车厂的 Excaliburh 和 Premiere 两种新型汽车的下侧面板、前后盖以及储物箱门,都是用 RTM 工艺制造的(Pandey et al.,2013;徐伟丽等,2014)。

3. 其他方面

RTM 工艺制造的复合材料的应用覆盖了许多领域,利用 RTM 工艺,美国 Addax 石油公司利用碳纤维和环氧树脂制造了工业水冷却塔驱动轴的旋翼叶和 CAT 扫描仪底盘板。Poiycycle 公司将环氧树脂用于与单向 S-玻璃纤维复合的碳纤维编织管和用芳纶纤维编织的套管,从而制成了 0.56m 的自行车手柄。

日本大荣产业生产的公用电话亭的屋顶、地下探查机机壳和蓄电池壳体、电杆上变压器的壳体等均采用 RTM 工艺生产;日本三菱电机用 RTM 工艺制造了微波中继补偿天线的开口直径为 3m 的主反射镜;日本雅马哈发动机公司利用 RTM 工艺制作了高尔夫手推车车体(20kg)。

### 3.3.9　RTM 技术前景展望

近些年来,RTM 技术得到长足发展。RTM 技术涉及材料学、流体力学、化学流变学等诸多学科,是当前国际复合材料最热门的研究方向之一。纵观国内外 RTM 的研究发展动态,对 RTM 技术的研究方向主要包括低黏度、高性能树脂体系的制备及其化学动力学和流变特性、纤维预成型体的制备及渗透特性、成型过程的计算机仿真模拟技术、成型过程的在线监控、模具的优化设计(涂伟等,2014;陈蔚等,2014)、新型工艺设备的开发等。

# 3.4　缠绕成型技术与特点

缠绕成型是在控制纤维张力和预定线型的条件下,将连续的纤维粗纱或布带浸渍树脂胶液后连续地缠绕在相应于制品内腔尺寸的芯模或内衬上,然后在室温或加热的条件下使之固化成型制成一定形状的制品的方法。

### 3.4.1　缠绕成型工艺

缠绕成型工艺的过程一般包括芯模和内衬制造,树脂胶液配制,纤维热处理和烘干,浸胶,胶纱烘干,在一定张力下进行缠绕、固化,检验、加工成制品等工序。

影响缠绕制品性能的主要工艺参数有纤维的含胶量、胶纱烘干程度、缠绕张力、缠绕速度、纱片缠绕位置、固化制度、环境温度等,这些因素多半紧密地联系在一起。合理地选择工艺参数是充分发挥原料特性、制造高质量缠绕制品的重要前提。

1.纤维含胶量

含胶量直接关系到制品的重量和厚度。含胶量过高,制品的强度降低,成型和固化时流胶严重;含胶量过低,制品孔隙率提高,气密性、耐老化性、剪切强度均下降。

2.缠绕张力

张力的大小、各纤维束之间张力的均匀性以及各缠绕层之间纤维张力的均匀性,对制品的质量影响极大。合适的缠绕张力可以使树脂产生预应力,从而提高树脂抵抗开裂的能力。各纤维束之间如果张力不匀,当承受载荷时,纤维会被各个击破,使总体强度的发挥大受影响。为使制品各缠绕层在张力作用下不出现内松外紧现象,应使缠绕张力有规律地递减,以保证各层都有相同的初始应力。缠绕张力将直接影响制品的密实程度和空隙率,且对纤维浸渍质量和制品的含胶量影响很大。

3.缠绕速度

纱线进入速度应控制在一定的范围之内。速度过小则生产效率低;速度过快则树脂容易溅洒,胶液浸不透或杂质易吸入。

4.固化制度

固化制度是保证树脂充分固化的重要条件,直接影响制品的物理力学性能。固化制度包括加热的温度范围、升温速度、恒温温度和时间、降温冷却速度等。要根据制品的不同性能要求采用不同的固化制度,且不同的树脂系统,固化制度不相同,一般都要根据树脂的配方、制品性能要求以及制品的形状、尺寸及构造情况,通过实验来确定合理的固化制度。

### 3.4.2　缠绕成型的优缺点

纤维缠绕成型制品除了具有一般复合材料制品的优点之外,还有其他成型工艺所没有的优点。

1. 比强度高

缠绕成型玻璃纤维增强复合材料的比强度比钢高 3 倍,比钛高 4 倍,这是由于缠绕成型制品所采用的增强材料是连续玻璃纤维,其拉伸强度很高,甚至高于合金钢。同时纤维的直径很小,使得连续纤维表面上的微裂纹的尺寸较小、数量较少,从而减少了应力集中,使得连续纤维具有较高的强度。此外,连续纤维特别是无捻粗纱由于没有经过纺织工序,其强度损失大大减少。

2. 避免了布纹交织点与短切纤维末端的应力集中

复合材料顺纤维方向的拉伸强度的大小主要由纤维的含量和纤维的强度决定。在复合材料制品中,增强纤维是主要的承载物,而树脂主要支撑和保护纤维,并在纤维间起着分布和传递载荷的作用。由实验测得,在玻璃纤维两端产生的拉应力为零,向纤维内部则逐渐增加,应力曲线平滑连续。就纤维与树脂之间的剪切应力而言,纤维的两端最大,中间区域为零。因此,采用短切纤维做增强材料的复合材料制品的强度,均低于纤维缠绕成型复合材料制品。

3. 可使产品实现等强度结构

纤维缠绕成型可使产品结构在不同方向的强度比最佳。也就是说,在纤维缠绕结构的任何方向上,均可使设计的制品的材料强度与该制品材料实际承受的强度基本一致,使产品实现等强度结构。

目前,缠绕成型工艺是各种复合材料成型方法中机械化和自动化程度较高的一种。该工艺采用的增强材料大多是连续纤维——无捻粗纱和无纬带材料,减少了纤维布、毡等的纺织及加工费用,因此相对降低了复合材料的成本。

但是缠绕成型存在以下缺点:

(1)在缠绕特别是湿法缠绕过程中易形成气泡,造成制品内空隙过多,从而会降低层间剪切强度并降低压缩强度和抗失稳能力。因此,要求在生产过程中,尽量采用活性较强的稀释剂,控制胶液黏度,改善纤维的浸润性及适当增大纤维张力等,以便减少气孔,降低空隙率。

(2)缠绕复合材料制品开孔周围应力集中程度高。作为一个缠绕制品,为了连接配件而进行的切割、钻孔或开槽等都会降低缠绕结构的强度。这就要求设计合理,使制品完全固化后尽量避免切割、钻孔等破坏性的加工。

（3）缠绕过程中纤维的张力控制要适度，纱带宽及搭接尺寸要严格控制。且必须排布均匀，否则会造成复合材料制品中的纤维初始应力不匀、内外松紧不等，使产品强度受到影响。

（4）制品形状有局限性。缠绕制品多局限为圆柱体、球体及某些正曲率回旋体，如管、罐、椭圆运输罐等。

### 3.4.3 缠绕成型的应用

由于缠绕成型制品的强度高、质量轻、隔热耐腐蚀、工艺性良好，易于实现机械化和自动化，综合性能比用其他方法成型的复合材料制品优异，并可制成多种产品，因此得到大量应用。

1. 压力容器

用缠绕成型工艺制成的压力容器有受内压容器和受外压容器两种。目前压力容器应用广泛，在火箭、飞机、舰艇等运载工具及医疗等方面均有应用。

2. 化工管道

用缠绕成型工艺制成的化工管道可用于输送石油、水、天然气、化工流体介质等，它可部分代替不锈钢，具有质轻高强、防腐耐久、方便等优点。

3. 贮罐槽车

用缠绕成型工艺制成的各种用以运输或者贮存酸、碱、盐、油介质的贮罐、槽车，具有耐腐蚀性好、重量轻、成型方便等优点。

4. 军工制品

缠绕成型可生产高性能、精确缠绕的结构，因此在军工领域有重要作用，如火箭发动机外壳、火箭发射管、雷达罩、鱼雷发射管等。

# 3.5 拉挤成型技术与特点

拉挤成型工艺是将浸过树脂胶液的连续玻璃纤维束、带或布等，在牵引力的作用下，通过挤压模具固化、成型，连续不断地产生长度不限的玻璃钢型材。这种工艺适于生产各种断面形状的玻璃钢型材，如棒、管、实体型材（工字形、槽形、方形型材）和空腹型材（门窗型材、叶片）等。

拉挤成型是复合材料成型工艺中的一种特殊工艺,其优点是:①生产过程完全实现自动化控制,生产效率高;②拉挤成型制品中纤维含量可高达80%,浸胶在张力下进行,能充分发挥增强材料的作用,产品强度高;③制品纵、横向强度可任意调整,可以满足不同力学性能制品的使用要求;④生产过程中无边角废料,产品不需后加工,故较其他工艺省工、省原料、省能耗;⑤制品质量稳定,重复性好,长度可任意切断。

拉挤成型工艺的缺点是产品形状单调,只能生产线形型材,而且横向强度不高。

# 3.6　热模压成型技术与特点

热模压成型工艺是复合材料生产中古老而又富有无限活力的一种成型方法。它是将一定量的预混料或预浸料加入金属对模内,经加热、加压固化成型的方法。热模压成型工艺的主要优点有:①生产效率高,便于实现专业化和自动化生产;②产品尺寸精度高,重复性好;③表面光洁,无须二次修饰;④能一次成型结构复杂的制品;⑤因为批量生产,价格相对低廉。

热模压成型的不足之处在于模具制造复杂,投资较大,加上受压机限制,适合于批量生产中小型复合材料制品。

随着金属加工技术、压机制造水平及合成树脂工艺性能的不断改进和发展,压机吨位和台面尺寸不断增大,模压料的成型温度和压力也相对降低,这使得热模压成型制品的尺寸逐步向大型化发展,目前已能生产大型汽车部件、浴盆、整体卫生间组件等。

热模压成型工艺按增强材料物态和模压料品种可分为如下几种:

(1)纤维料热模压法:将经预混或预浸的纤维状模压料,投入金属模具内,在一定的温度和压力下成型。该方法简便易行,应用广泛。根据具体操作的不同,可分为预混料模压法和预浸料模压法。

(2)碎布料热模压法:将浸过树脂胶液的玻璃纤维布或其他织物,如麻布、有机纤维布、石棉布或棉布等的边角料切成碎块,然后在金属模具中加温加压成型。

(3)织物热模压法:将预先织成所需形状的二维或三维织物浸渍树脂胶液,然后放入金属模具中加热加压成型。

(4)层压热模压法:将预浸过树脂胶液的玻璃纤维布或其他织物,裁剪成所需的形状,然后在金属模具中加温加压成型。

(5)缠绕热模压法:通过专用缠绕机提供一定的张力和温度,将预浸过树脂胶液的连续纤维、带或布缠在芯模上,再放入模具中进行加温加压成型。

(6)片状塑料热模压法:将片材按制品尺寸、形状、厚度等要求裁剪下料,然后将多层片材叠合后放入金属模具中加热加压成型。

(7)预成型坯料热模压法:先将短切纤维制成品形状和尺寸相似的预成型坯料,放入金属模具中,然后向模具中注入配制好的黏结剂(树脂混合物),让其在一定的温度和压力下成型。

模压料的品种有很多,可以是预浸物料、预混物料,也可以是坯料。当前所用的模压料品种主要有预浸胶布、纤维预混料、热固性塑料等。

# 3.7  其他成型技术与特点

聚合物基复合材料的其他成型工艺,主要有离心成型工艺、浇铸成型工艺、弹性体贮存树脂成型(elastic reservoir molding,ERM)工艺、增强反应注射成型(reinforced reaction injection molding,RRIM)工艺等。

## 3.7.1  离心成型工艺

离心成型工艺在复合材料制品生产中,主要是用于制造管材(地埋管),它是将树脂、玻璃纤维和填料按一定比例和方法放入旋转的模腔内,依靠高速旋转产生的离心力,使物料挤压密实,固化成型。

## 3.7.2  浇注成型工艺

浇注成型工艺主要用于生产无纤维增强的复合材料制品,如人造大理石、钮扣、包埋动植物标本、工艺品、锚杆固定剂、装饰板等。浇注成型比较简单,但要生产出优质产品,则需要成熟的操作技术。

## 3.7.3  弹性体贮存树脂成型工艺

弹性体贮存树脂成型(ERM)工艺是 20 世纪 80 年代在欧美出现的工艺,它用柔性材料(开孔聚氨酯泡沫塑料)作为芯材渗入树脂糊。这种渗入树脂糊的泡沫体留在成型的ERM材料中间,泡沫体使ERM制成的产品密度降低,冲击强度和刚度提高,故可称为压制成型的夹层结构制品。

ERM制品与SMC制品一样,同属于热模压成型的片状模塑料。由于ERM制品具有夹层结构的构造,它有优于SMC制品的特点。①重量轻:ERM制品比用毡和SMC制成的制品轻30%以上;②ERM制品的比刚度优于SMC制成的制品;③冲击强度高:在增强材料含量相同的条件下,ERM制品比SMC制品的抗冲击强度高很多;④物理力学性能高:在增强材料含量相同的条件下,ERM制品的物理力学性能优于SMC制品;⑤投资费用低:ERM成型机组比SMC机组简单,ERM制品成型压力比SMC制品低10倍左右,故生产ERM制品时可以采用低吨位压机和低强度材料模具,从而减少建设投资。

ERM工艺的原材料为开孔聚氨酯泡沫塑料、纤维制品(如用玻璃纤维、碳纤维、芳纶纤维制成的短切毡、连续纤维毡、针织毡等)和热固性树脂。其生产过程如下:先在ERM机组上用调好的树脂糊浸渍开孔聚氨酯泡沫塑料,通过涂刮器将树脂糊涂到泡沫上,用压辊将树脂糊压挤到泡沫体的孔内,然后将两层泡沫复合到一起,最后在上下两个面铺放玻璃纤维毡或其他纤维制品,制成ERM夹层材料,按适宜的尺寸将其切割,用于压制成型或贮存。

ERM制品的生产过程与其他热固性模压料(玻璃纤维布或毡预浸料等)相比,更需要在热压条件下固化成型,但成型压力比SMC工艺小很多,大约是SMC成型压力的1/10,为0.5~0.7MPa。

ERM技术目前主要用于汽车工业和轻质建筑工业。由于ERM制品具有夹层结构材料的特点,ERM工艺适用于生产大型结构的组合部件、轻质板材、活动房屋、雷达罩、房门等。在汽车工业中,ERM工艺制品有行李车拖斗、盖板、仪表盘、保险杠、车门、底板等。

## 3.7.4  增强反应注射成型工艺

增强反应注射成型(RRIM)工艺是利用高压冲击来混合两种单体物料及短纤维增强材料,并将其注射到模腔内,使其快速固化形成制品的一种成型方法。如果不用增强材料,则称为反应注射成型(reaction injection molding,RIM);如果用连续纤维增强,则称为结构反应注射成型(structure reaction injection molding,SRIM)。

1. RRIM 工艺原材料

RRIM 工艺的原材料分树脂体系和增强材料两类。

1)树脂体系

树脂应满足如下要求:①由两种以上的单体组成;②单体在室温条件下能保持稳定;③黏度适当,容易用泵输送;④单体混合后,能快速固化;⑤固化反应不产生副产物。应用最多的是聚氨酯树脂、不饱和聚酯树脂和环氧树脂。

2)增强材料

常用的增强材料有玻璃纤维粉、玻璃纤维和玻璃微珠。为了提高增强材料与树脂的黏结强度,增强材料都采用增强偶联剂进行表面处理。

2. RRIM 工艺的特点

RRIM 工艺的特点有:①产品设计自由度大,可以生产大尺寸部件;②成型压力低(0.35~0.7MPa),反应成型时,无模压应力,产品在模内发热量小;③制品收缩率低,尺寸稳定性好,因加有大量填料和增强材料,减少了树脂固化收缩;④制品镶嵌件工艺简便;⑤制品表面质量好,玻璃粉和玻璃微珠能提高制品的耐磨性和耐热性;⑥生产设备简单,模具费用低,成型周期短,制品生产成本低。

RRIM 制品的最大用户是汽车工业,可做汽车保险杠、仪表盘等,高强度 RRIM 制品可以做汽车的结构材料、承载材料。由于其成型周期短,性能可设计,在电绝缘工程、防腐工程、机械仪表工业中能代替工程塑料及高分子合金材料。

# 4  木塑复合材料的配方及设备

木塑复合材料是利用木质原料和塑料配以化学助剂,通过原料破碎、物料混合、混炼加工造粒等一系列工艺实现最终产品的过程。配方和加工设备是木塑复合材料加工应用的关键。

## 4.1  配方的选择

### 4.1.1  树脂

用于 WPC 加工的树脂可以是热固性的和热塑性的。热固性树脂有环氧树脂、酚醛树脂,热塑性树脂有 PE、PP 及 PVC。但是,由于木纤维热稳定性较差,只有加工温度在 200℃ 以下的热塑性树脂才被用作 WPC 的基体树脂而广泛使用,尤其是聚乙烯。树脂选择主要的依据为:树脂的固有特性、产品需要、原料易得性、成本及对其熟知的程度。如聚丙烯主要用于汽车制品和生活用品等,聚氯乙烯主要用于建筑门窗、铺盖板等。此外,树脂的熔体流动速率(melt mass-flow rate,MFR)对复合材料性能也有一定影响,在相同加工工艺条件下,树脂的 MFR 较高,木粉的总体浸润性较好,则木粉的分布均匀,而木粉的浸润性和分布影响复合材料的机械性能,尤其是冲击强度。中国塑料加工工业协会 2015 年统计数据显示,市场上仍以 PE 基木塑复合材料为主,大约占 65%,PVC 基木塑复合材料占 16% 左右,PP 基木塑复合材料占 14% 左右。

### 4.1.2  添加剂

由于植物纤维极性很强,具有较强的吸水性,而热塑性树脂多数为非极性的,具有疏水性,所以两者之间的相容性较差,界面的黏结力很小。常需使用适当的添加剂来改变树脂和植物纤维的表面性质,以提高植物纤维与树脂之间的界面亲和力。而且,高填充量植物纤维在熔融的热塑性树脂中分散效果差,常以聚集状态存在,使得熔体流动性差,挤出成型加工困难,需加入润滑剂来改善流动性以利于加工成型。同时,树脂基体还需要加入各种助剂来改善其加工性能及其成品的使用性能。

### 4.1.3　界面改性剂

界面改性剂能使树脂与植物纤维表面之间产生强的界面结合力,同时能降低植物纤维的吸水性,提高植物纤维与树脂的相容性及分散性,能明显提高复合材料的力学性能。常用的界面改性剂主要有异氰酸盐、铝酸酯、钛酸酯、硅烷偶联剂(如 $\gamma$-氨丙基三甲氧基硅烷)、乙烯-丙烯酸酯共聚物、酚醛树脂、马来酸酐接枝聚丙烯蜡。一般来说,界面改性剂的添加量为植物纤维量的 $1\%\sim8\%$。需注意的是,马来酸盐类界面改性剂与硬脂酸盐润滑剂会发生相斥反应,一起使用时会导致产品质量和产量的降低。

### 4.1.4　润滑剂

WPC 常常需要加入润滑剂来降低熔体与加工机械之间以及熔体内部的摩擦力与黏附力,以改善流动性,促进加工成型,提高制品的表面质量。润滑剂分为外润滑剂和内润滑剂。外润滑剂附着在熔体或加工机械、模具的表面,形成润滑界面,降低熔体与加工机械之间的摩擦力。内润滑剂的选择与所用的基体树脂有关,在高温下它必须与树脂有很好的相容性,削弱分子链之间的相互作用力,促进分子链运动,降低树脂内分子间的内聚能。润滑剂对模具、料筒、螺杆的使用寿命,挤出机的生产能力,生产过程中的能耗,制品表面的光洁度及型材的低温冲击性能都会产生一定的影响。通常一种润滑剂兼备内、外两种润滑性能。常用的润滑剂有硬脂酸锌、乙撑双脂肪酸酰胺、聚酯蜡、硬脂酸、硬脂酸铅、聚乙烯蜡、石蜡、氧化聚乙烯蜡等。

### 4.1.5　增塑剂

当植物纤维与一些玻璃化温度和熔融流动黏度较高的树脂进行复合时,往往加工困难,常常需要添加增塑剂来改善其加工性能。增塑剂可以使高分子制品的塑性增加,提高其柔性、延伸性和加工性。如在 PVC 木粉复合材料中,加入增塑剂可以降低加工温度,减少植物纤维分解和发烟;但增塑剂的加入对 WPC 的机械性能会产生影响,一般随着增塑剂含量的增加,复合材料的拉伸强度下降而断裂伸长率增加。常见增塑剂分子结构中含有极性和非极性两种基团,在高温剪切作用下,它能进入聚合物分子链中,通过极性基团与聚合物上的极性基团互相吸引形成均匀稳定体系,而它非极性部分的插入则可减弱聚合物分子的相互吸引,增加高分子链段的活动空间,从而使加工容易进行。常用的增塑剂有邻苯二甲酸二丁酯(DBP)、邻苯二甲酸二辛酯(DOP)、癸二酸二辛酯(DOS)等。

## 4.1.6　紫外线稳定剂

在室外使用高分子材料,由光引起的光降解作用是不容忽视的。随着人们对WPC质量和耐用性要求的提高,紫外线稳定剂的应用得到迅速发展。它能大大减缓复合材料中聚合物降解和力学性能的下降。常用的有受阻胺类光稳定剂和紫外线吸收剂。

## 4.1.7　着色剂

在WPC使用过程中,植物纤维中的可溶性物质易迁移到产品表面,使产品脱色,并最终变成灰色。有时在一定使用环境下,还会产生黑斑或锈斑。着色剂可以使制品色泽鲜亮,起提高美观度、易于辨识和提高耐候性等作用。所以,着色剂在WPC生产中有着较为广泛的应用。它能使制品有均匀稳定的颜色,且脱色慢。美国Ferro公司已经工业化生产了多种着色剂,并不断对其进行改进。

## 4.1.8　抗氧剂

高分子材料暴露在空气中,在氧的作用下会发生氧化反应,这类反应通常发生在室温到成型加工温度之间,按典型的链式自由基机理进行,具有自动催化特征,故常称为自动氧化反应。因此,在WPC中也经常加入抗氧剂来抑制或缓解自动氧化,延长使用寿命。常用的抗氧剂有醛胺类和酮胺类等。

## 4.1.9　防菌剂

为了使复合材料能保持良好的外观和完美的性能,免受微生物对植物纤维的不利影响,常常需要加入防菌剂。防菌剂的选择要考虑植物纤维的种类、添加量、复合材料使用环境中的菌类、产品的含水量等多种因素,如硼酸锌可以防腐但不能防藻类。

# 4.2　木塑复合材料的成型设备

　　目前生产木塑复合材料主要有挤出成型、注射成型、热模压成型三种工艺路线,分别对应不同的设备。其中,主要的设备单元包括加料装置、挤出成型设备、排气系统、成型头等,各类产品对应的成型方法如图 4.1 所示。

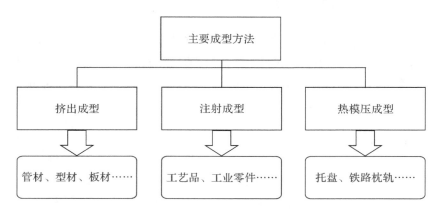

图 4.1　木塑复合材料主要成型方法

## 4.2.1　加料装置

　　木粉结构蓬松,不易将其喂料给挤出机螺杆,同时塑料基体与填充填料之间并不能形成理想的混合体并均匀一致地加入挤出机中,特别是木粉中含有较多的水分时,容易出现"架桥"和"抱杆"现象。加料的不稳定不仅直接导致挤出产量低,还会产生挤出波动,造成挤出质量降低。同时由于加料中断,物料在机筒内停留时间延长会导致物料烧焦变色,影响制品的内在质量和外观。因此必须对加料方式和加料量作严格的控制,一般采用强制加料装置以及饥饿喂料方法,以保证挤出的稳定。图 4.2 为粉体、颗粒自动加料装置。本装置包括机体 1、机体 1 上部的下料斗 2、下料斗底部的振动料槽 3。振动料槽 3 倾斜设置,高的一端对齐下料斗 2 的底部。控制器 4 连接交流电源,控制器内有变频器和变压器,可以调节磁感线圈磁场的变化幅度和频率。根据物料性质,调节插接槽的倾斜角度,使粉料或颗粒料从下料口落入振动料槽,通过控制器控制磁感线圈的供电电压和频率,来控制磁场变化,磁场变化驱动磁性块振动,带动振动料槽振动,保证物料进入的持续性,均匀进样。

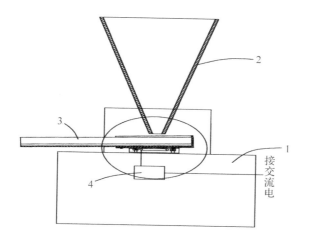

1—机体;2—下料斗;3—振动料槽;4—控制器。

图 4.2　自动加料装置

## 4.2.2　挤出成型设备

可用于木塑复合材料挤出成型的设备主要有单螺杆挤出机、双螺杆挤出机等。常规的单螺杆挤出机不适合于木塑复合材料的成型加工,这是因为单螺杆挤出机的物料输送能力和塑化能力较弱。单螺杆挤出机的输送作用主要是靠摩擦,由于木粉结构蓬松,不易喂料,而且木粉的填充使聚合物熔体黏度增大,增加了挤出难度,造成物料在料筒中停留时间较长,同时排气效果不佳,不能对含水率较高的植物纤维进行加工。所以,常规的单螺杆挤出机在木塑复合材料挤出中受到较大的限制。用于木塑复合材料成型加工的单螺杆挤出机必须采用特殊设计的螺杆,螺杆应具有较强的物料输送能力和混炼塑化能力,而且在挤出之前应对物料进行混炼制粒。

木塑复合材料的主要加工设备为双螺杆挤出机,图 4.3 为 Cincinnati 木塑挤出生产线,图 4.4 为美国 Davis Standard 双挤压设备。双螺杆挤出机依靠正位移原理输送物料,没有压力回流,加料容易;排气效果好,能够充分地排除木粉中的可挥发成分;螺杆互相啮合,强烈的剪切作用使物料的混合、塑化效果更好;木粉用量相对较低时,物料在双螺杆中停留时间短,不会出现木粉烧焦现象。由于双螺杆挤出机具有良好的加料、混合效果,可使用粉料生产木塑复合材料。双螺杆挤出机可分为同向平行双螺杆挤出机和异向锥型双螺杆挤出机。

图 4.3　Cincinnati 木塑挤出生产线

图 4.4　美国 Davis Standard 双挤压设备

同向平行双螺杆挤出机往往由双阶挤出机组成,可将木粉干燥和树脂熔融分开进行。可以直接加工木粉或植物纤维,在完成木粉干燥后,再与熔融的树脂混合连续挤出,这种双阶挤出机也称为木材用挤出机。尽管这种双阶挤出机可以进行木粉的干燥,但对原料木粉的含水量有一定要求,一般为 4%～8%。另一种类似的形式是将木粉加入挤出机主料口,挤出机前段为脱水、脱挥装置,然后通过侧加料器加入塑料树脂、添加剂,挤出机螺杆相对较长,螺杆长径比可达 44～48,其中 2/3 用于除水和脱挥。塑木材料加工业称同向平行双螺杆挤出机为高速、高能耗配混型设备。该挤出机一般为组合式螺杆,可调节螺杆长径比和构型,灵活设置脱气口。美国 Davis Standard、Krupp W&P 等著名塑料机械厂生产这种同向双螺杆挤出机。

与高速、高能耗配混型同向平行双螺杆挤出机相比,异向锥型双螺杆挤出机被称为低速、低能耗型材型设备,非组合式螺杆。与一般锥型双螺杆挤出机相比,为适应木粉、植物纤维比重小、填充量大的特点,用于生产木塑复合材料的异向锥型双螺杆挤出机的螺杆的加料区体积应比常规型号的大和长,对木纤维切断少,树脂少时仍能使木纤维均匀分散,与物料完全熔融,能适应的加工范围广。若木粉、植物纤维加入量大,熔融树脂刚性大,则要求用耐高背压齿轮箱,且螺杆推动力要强,应采用压缩和熔融快、计量段短的螺杆,以确保木纤维停留时间短,防止其断裂和性能劣化。生产这种设备的主要为美国的 Cincinatti Milacron 公司,另外还有美国的 Extrusion Tek Milacron 公司,德国的 SMC 公司 Cincinatti 分公司。

## 4.2.3　排气系统

因为木粉中含有大量的小分子挥发物质和水分,且它们极易给制品带来缺陷,而前处理又无法完全清除它们。所以木塑复合材料挤出机排气系统的设计要比普通塑料挤出机受到更多重视,在很大程度上,排气效果越好,挤出制品质量也越好,如有必要可以进行多阶排气。

## 4.2.4　挤出机头

挤出机头是关系到挤出制品质量的重要部件。木塑复合材料的特殊性及木粉的高添加量使挤出物料流动性差且不易冷却,常规的模具和定型设备已无法满足产品的需要,这使得对机头的设计除了要保证流道设计圆滑过渡与流量分配合理外,还要对机头的建压能力与温度控制精度进行重点考虑。

# 5 毛竹的特性及应用

加快低碳林业的发展是发展低碳经济,应对气候变暖最经济、最直接的途径,在发展低碳经济的背景下,竹子因其具有易繁殖、生长迅速、材质均匀、环保及附加值高等特点,成为绿色生活中一种不可忽视的资源。当前,竹业倍受重视,竹子是一种再生性十分强大的植物类群,而竹业是一种集经济性、生态性和社会性为一体的产业体系。竹林具有固碳的优点,符合发展低碳经济的要求,通过对竹资源的利用及竹产业发展的研究,可促使人们更加全面地认识竹林资源、竹业经济,这也是历史赋予竹产业发展的契机。

中国是世界竹资源大国,对竹子资源的开发利用具有先天的优势,中国正逐步成为竹子生产、消费和出口大国。毛竹是中国竹类资源中分布广、用途多的一个竹种(张齐生,2017)。毛竹生长迅速、生长周期短、培育简单、产量高,因而得到了广泛的栽培利用。毛竹也是我国人工竹林面积较大、用途较广、开发和研究较深入的优良经济竹种(Gui et al.,2010;Komatsu et al.,2010;Chiwa et al.,2010;Takahashi et al.,2010;Vogtlander et al.,2010;Tsubaki et al.,2010;Zhao,2010;Abe,2010;肖良成等,2004;蒋乃翔等,2010;邵顺流等,2007)。

## 5.1 毛竹、毛竹材料概况

### 5.1.1 毛竹特性

毛竹,单轴散生,禾本科竹亚科刚竹属。毛竹为常绿乔木状竹类植物,秆型较大,成熟毛竹高度可达 20 余米,胸径一般为 8~10cm,部分毛竹的胸径可达 16cm 以上,秆环平,箨环隆起。相对于其他竹种,毛竹的叶片较细小,长度一般为 4~11cm,宽度一般为 0.5~1.2cm(唐文莉等,2008;林振清等,2009;胡火生,2009)。毛竹的形貌如图 5.1 所示。

图 5.1 毛竹的形貌

毛竹的生长发育与一般乔木树种不同,它是由地下部分的鞭、根、芽和地上部分的秆、枝、叶组成的有机体。毛竹的根向地生长,秆反向地生长,竹鞭横向地起伏生长。竹秆寿命短,开花周期长,没有次生生长,竹鞭具有强大的分生繁殖能力。竹鞭一般分布在土壤上层 15~40cm 的范围,每节有一个侧芽,可以发育成笋或新的竹鞭。壮龄竹鞭上的部分肥壮侧芽在每年夏末秋初开始萌动分化为笋芽,到初冬笋体肥大,称冬笋。冬季低温时期,竹笋在土内处于休眠状态,到了第二年春季温度回升时,又继续生长出土,称为春笋。春笋的笋壳为紫褐色,有黑色斑点,满生粗毛。春笋中一些生长健壮的,经过 40~50 天的生长后,竹秆上部开始抽枝展叶而成为新竹(杨芳,2009)。

竹子生长周期短,一般 5~6 年即可使用(Ohmae et al.,2009)。毛竹根系集中稠密,竹秆生长快,生长量大,喜温暖湿润的气候,要求年平均温度 15~20℃,年降水量

1200～1800mm。喜肥沃、深厚、背风山间谷地，排水良好的酸性砂质壤土，在排水不良的黏土、表土浅薄或多石砾之地，生长不良。毛竹林是我国重要的竹林资源，占竹林面积的 70% 左右。毛竹有其独特的生长规律，幼竹形成后，秆型生长结束，主秆的高度、粗度和体积不再发生明显的变化，进入材质生长时期，毛竹质量生长仍在进行（江泽慧，2002；刘广路等，2010）。竹材与木材相比，具有强度高、韧性好、刚度大、易纵向剖削等特点。

## 5.1.2 毛竹秆材的结构形态

毛竹材用主要是对竹秆的利用，竹秆是毛竹利用价值最大的部分。竹秆是竹子地上茎的主干，外形多为圆锥体或椭圆体，由竹节和节间两部分组成，其直径从根部到梢部逐渐缩小，竹壁也逐渐变薄（罗华河，2004）。尽管毛竹竹秆长度、胸径、竹壁厚度和竹节的数量、节间距等与其他竹种差异较大，但其基本结构形态与其他竹种大致相同，毛竹秆的基本结构如图 5.2 所示。竹材秆部由表皮组织、维管束组织、基本组织及髓腔等几部分组成。

竹节由秆环、箨环和竹横隔壁组成，维管束起着加强竹秆直立和水分、养分横向输导作用。在竹秆的节间维管束排列互相平行，而在竹节处的维管束呈弯曲走向并且纵横交错。竹横隔壁把竹秆分隔成空腔，即髓腔。髓腔周围的壁称为竹壁。竹壁在宏观上由三部分组成，自外而内依次为竹皮、竹肉和髓环组织（髓环和髓）。竹皮（也称竹青）是竹壁最外层，通常是横切面上看不见维管束的部分，其组织致密、质地坚韧、表面光滑。竹青上附有一层蜡质，因此对水和胶黏剂的润湿性较差。竹肉是界于竹皮和髓环组织间的部分，横切面上有维管束分布。维管束是在竹材横切面上的呈深色的菱形斑点，在纵切面上它呈顺纹股状组织。维管束在竹壁内的分布一般自外而内由密变疏。竹肉内侧与竹腔相邻的部分为髓环（俗称竹黄），组织疏松、脆弱，其上也无维管束分布。在生产习惯上，常将竹壁厚度不同的组织由外至内称为竹青、竹肉和竹黄（唐永裕，1997）。竹青、竹黄、竹肉在结构上存在差别，它们的物理力学性质和胶合性能也存在差异。

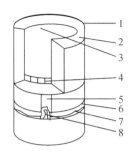

1—竹皮；2—竹肉；3—髓环组织；4—竹横隔壁；5—沟；6—秆环；7—箨环；8—芽。

图 5.2　毛竹秆的基本结构

毛竹材具有各向异性，其弦向干缩率最大，约为 6％，径向平均为 3％，纵向最小为 0.3％。竹龄越小，弦、径向干缩率越大。竹壁内侧弦向干缩率仅为外侧的一半左右，这是引起竹制品变形的主要因素。竹材干缩是由竹材维管束中的导管失水后引起的，因此维管束分布密的部位干缩率就大。竹材的力学性能与含水率、竹秆部位、竹龄、生长条件等因素密切相关，竹材强度随含水率的降低、竹秆高度的增加、竹龄的增加而增加；而地理条件越好，竹子生长越粗大，组织越疏松，强度越低。竹节对竹材力学性质的影响也很大，节部抗拉强度低于节间，而其他部位强度比节间要高（叶忠华，2002）。

## 5.1.3　毛竹的组成及纤维的性质

毛竹横截面的微观结构如图 5.3 所示（Obataya et al.，2007）。其中，维管束是由原形成层分化而来，是由木质部和韧皮部共同组成的束状结构，其成分主要为木质部、导管、管胞、木纤维或木薄壁细胞。毛竹竹黄部分的木质维管束数量多于竹肉部分，假如将毛竹看作广义上的复合材料，那么其结构中的增强相就是维管束。

纤维主要由纤维素、半纤维素和木质素组成，这三部分的比例占竹材总量的 90％以上，其余部分为少量的蛋白质、脂肪、果胶、单宁等物质。毛竹中纤维素含量最高，一般为 40％～60％；半纤维素含量约为 14％～25％；木质素含量约为 26％。随着竹龄的增加，半纤维素、纤维素含量会有所下降，而木质素含量会逐渐增加（叶忠华，2002；张齐生等，2002；鲁顺保等，2010；林金国等，2009，2010；陈清林，2006）。毛竹灰分的质量分数比较小,综纤维素的质量分数约为 70.67%,Klason 木素和酸溶木素的质量分数分别约为 23.77% 和 3.46%(Sun,2005)。

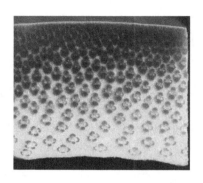

(a)样品尺寸8mm×11mm

(b)竹黄部分的组织放大

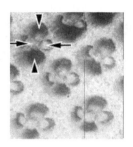

(c)竹肉部分
(箭头部分表示后生木质部和维管束)

图 5.3　毛竹横截面的微观结构

娄瑞等(2009)对毛竹的化学组成及元素进行了分析,结果如表 5.1 和表 5.2 所示。由表 5.1 可见,毛竹中可溶性糖、淀粉类物质含量较高,这决定了竹材具有易霉变、易虫蛀等缺陷,特别是在高温、高湿、环境污染严重且荫蔽不透风的环境下,霉变更为严重,这一缺陷给竹材的贮藏、运输带来困难,而且直接影响了竹制品的质量,限制了竹材加工利用的进一步发展。

表 5.1　毛竹的化学组成　　　　　　　　　　单位:%

| 化学组成 | 占比 | 化学组成 | 占比 |
|---|---|---|---|
| 灰分 | 0.62 | $CH_2Cl_2$ 抽提物 | 1.13 |
| 热水抽提物 | 6.34 | 聚戊糖 | 17.50 |
| 1%NaOH 抽提物 | 22.88 | 棕纤维素 | 70.76 |
| 丙酮抽提物 | 2.73 | 硝酸乙醇纤维素 | 43.19 |
| 苯醇抽提物 | 2.35 | Klason 木素 | 23.77 |
| 酸溶木素 | 3.46 | | |

表 5.2　毛竹的元素　　　　　　单位:%

| 元素 | 占比 |
|---|---|
| C | 49.16 |
| H | 5.85 |
| O | 40.96 |
| N | 3.32 |
| S | 0.01 |

　　国内有学者将毛竹的化学成分与其他农林废弃物进行了比较(石磊等，2005)，结果如表 5.3 所示。可见，毛竹和雷竹木质素含量接近阔叶材，比所测的杉木的木质素质量分数低，是较好的木材替代品，可用作各类轻质板材和包装材料的原料。有学者研究了毛竹屑 600℃制取的灰中成分，结果发现竹屑中含有氯化钠、硫酸钾、石英、方解石、钠长石等成分，其中以氯化钾和硫酸钾晶相为主(刘力等，2006)。可见，毛竹材料化利用不会释放对人体有毒有害的物质，是一种较为环保的绿色材料。

表5.3　毛竹与几种农林废弃物的化学成分比较(以干基计)

| 样品种类 | 纤维素/(g·kg⁻¹) | 木质素/(g·kg⁻¹) | 苯-醇抽提物/(g·kg⁻¹) | 热水抽提物/(g·kg⁻¹) | 1%氢氧化钠抽提物/(g·kg⁻¹) | 灰分/(g·kg⁻¹) |
|---|---|---|---|---|---|---|
| 毛竹 | 450.4 | 235.9 | 42.2 | 42.5 | 310.3 | 10.5 |
| 雷竹 | 462.5 | 253.0 | 35.6 | 70.3 | 312.1 | 16.4 |
| 杉木 | 482.7 | 341.8 | 31.7 | 22.1 | 124.7 | 2.0 |
| 稻秸 | 378.8 | 164.0 | 63.5 | 187.6 | 551.2 | 137.5 |

注:1%氢氧化钠抽提物的主要成分为单糖、低聚糖、氨基酸、水溶性色素、无机盐、脂肪酸及部分被碱降解的小分子的半纤维素和木质素。

　　毛竹纤维具有优良的物理化学性能。毛竹纤维细长结实(2mm 左右),可塑性好,长宽比为 150～200,属于长纤维,其纤维较长。有学者(Briggs,2009)将竹纤维与红橡木(阔叶木)纤维进行了比较,发现竹纤维长于一般的阔叶木纤维(见图 5.4)。

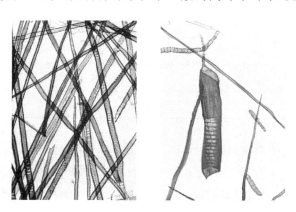

图 5.4　竹纤维与红橡木纤维微观结构

　　竹纤维纵向表面光滑、均一,微观结构呈现多条较浅的沟槽,横截面呈圆形,边缘有不规则的锯齿形。这种结构赋予了竹纤维表面一定的摩擦系数,纤维具有较好的抱合力。竹纤维的吸水率较木纤维低,其纤维饱和点为 30%～35%(周芳纯,1998)。有学者(江泽慧,2002)研究发现,毛竹的干缩率与其干燥温度、含水率有关。与其他木质类纤维类似,毛竹纤维由外到内分别为胞间层、初生层、次生层和中腔(见图 5.5)。其中,胞间层的主要成分为木质素。

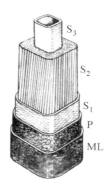

ML—胞间层;P—初生层;S$_1$、S$_2$—次生层;S$_3$—中腔。

图 5.5　毛竹纤维的构造

## 5.1.4　毛竹的分布

毛竹冬季可以耐受－20℃的极端低温,是不怕冷的竹种(汪佑宏等,2007)。毛竹分布极为广泛,从赤道两旁直至寒温带,从平原丘陵到高山雪域都有它的足迹。全世界竹子种类约有 70 属 1200 多种,我国的竹子资源有 40 多属 400 多种(杨芳,2009)。毛竹主要分布在亚热带地区,在我国主要生长在长江流域以南,海拔 1000 米以下,山坡谷间,常组成大面积纯林,故亦称"江南竹",又名"楠竹""孟宗竹""江南竹""茅竹"。在我国,毛竹是栽培面积最大的笋材两用竹种,主要分布于长江中下游及其以南冬春季节降雨量较多的地区。

## 5.1.5　毛竹材的应用

竹材是我国重要的速生、可再生资源之一,具有生长快、成材早、产量高、一次造林可长期使用的特点。长期以来,竹材一直是我国和其他产竹国及地区重要的建筑材料、装饰材料和生活材料(王正等,2003;Lee,1996;Liese,2001)。

毛竹是散生竹种中最粗大的种类,其最粗胸径可达 18cm(汪奎宏等,1996),一般胸径为 8～10cm。毛竹的竹材纤维密度大,力学强度高,材质细腻,加工性能好,而且由于径级大,适宜于工业化利用,是生产高档竹建材和竹装饰材的首选竹材。许多大型丛生竹的径级比毛竹粗,但是纤维密度较低,或者节部较宽,加工性能较差,材质比不上毛竹。毛竹笋有苦味,要经过加工脱苦后才能食用,所以,毛竹的材用价值比笋用价值高得多。

在现代建筑工程中,毛竹用来搭工棚和脚手架;沿海捕鱼甚至北方打井中,毛竹都是必不可少的材料。毛竹竹材的韧性强,纹理通直,坚硬光滑,可以加工劈篾,制作各种农具、文具、家具、乐器以及工艺美术品和日常生活用品,如竹席、竹罩、土箕、瓦篷、扇子、竹编、竹丝、竹尺等,这些产品有的是我国传统出口商品。毛竹材的纤维含量高、纤维长,是纤维造纸工业的优质原料。

竹材人造板的结构合理性大大改变了竹材的形状与结构,改善和提高了竹材的物理力学性能,扩大了竹材的应用领域,因此竹材人造板的生产是充分合理利用竹材,改善竹材性能的一个重要方面。在板材化利用方面,毛竹人造板可广泛代替木材。目前已形成了竹材胶合板、竹材层压板、竹编(帘)胶合板、竹木复合集装箱底板、竹材刨花板、竹地板、纯竹家具等系列产品。

在全球环境变暖、石油等化石燃料短缺的情况下,毛竹的多元化利用对发展低碳经济,推动节能环保具有重要意义。毛竹的净光合作用速率远高于木材,单株毛竹年吸收二氧化碳$(14\pm0.6)$kg,是木材的 4 倍(Loretta 等,2008)。毛竹制备的发酵罐、车辆内饰板等可降低钢铁、石化材料的用量,毛竹利用后的残余物如竹枝、竹叶等可裂解产生氢气等(Wang 等,2010)。毛竹在建筑业、造纸业、农业中发挥着重要作用,而且竹笋的食用价值很高,毛竹的市场前景广阔,发展潜力巨大,毛竹产业已成为林农脱贫致富的重要门路之一(杜凡,2003)。

然而,竹材人造板领域也面临一些亟待解决的问题,其中一个显著问题是竹材利用率低,资源浪费严重。以矩形竹片为构成单元的竹地板或各类竹质胶合板产品,其竹材利用率较低(约 35%),加工动力损耗大,生产效率不高(张齐生等,1995)。中国林业数据库 2015 年的统计数据显示,在各种竹质板材生产中,竹材利用率分别为:竹材层压板约 50%,竹席(帘)胶合板 45%~50%,竹材胶合板 35%~40%,竹地板、纯竹家具仅为 20%~25%。这主要是由竹材自身结构特点、加工工艺落后和产品结构不合理等原因造成的,竹材原料浪费严重,导致生产成本普遍偏高,削弱了产品的市场竞争能力。竹材的利用率低的另一个原因是竹材防霉、防虫技术不过关。

要降低生产成本,使产品具有市场竞争力,则必须在竹材高效利用上下功夫,开发出新型竹材产品及新加工技术。开发竹材复合产品就是高效利用竹材的一条重要途径(张齐生等,1999)。

## 5.2  竹塑复合材料利用的背景与意义

我国是一个木材资源贫乏的国家,加上不合理的开发利用,我国的森林面积面临减少的危机,如何充分有效地利用有限木材资源,保护环境,服务社会,已成为迫切需要解决的问题。但我国的各类竹子资源十分丰富。2016 年,浙江省开展了森林资源与生态功能价值监测评估,结果发现,浙江省竹林面积为 91.98 万公顷,占森林面积的15.18%。其中毛竹林 80.71 万公顷,杂竹林 11.27 万公顷。2000 多家竹加工企业在竹加工中有大量的竹屑剩余物被废弃而没有被充分利用。将竹屑等压制成一种环境友好型绿色建材或者包装材料,其应用前景十分乐观。

PVC 是一种广泛应用的热塑性树脂,用于制造管材、管件、片材等产品。国内PVC 行业发展迅速,2008 年中国成为世界第一大 PVC 生产国,PVC 生产能力达 1581万吨,2009 年我国 PVC 生产能力达 1731 万吨,产量达 915.5 万吨(邴娟林等,2010)。2005 年中国 PVC 消费量增长到 787 万吨,超过美国成为世界上最大的 PVC 消费市场。庞大的 PVC 消费相应地产生了大量的废旧 PVC 塑料,可这些废旧塑料的回收利用率还很低,废塑料给环境造成了很大污染。废旧 PVC 塑料的回收利用可提高其潜在的附加值,还可减少环境污染,是众多科研工作者一直研究的课题。PVC 基木塑复合材料可反复再生利用,它的应用可使环境不再受到废弃塑料的二次污染,是一种良好的环保解决办法,还可降低新产品、新材料的生产成本,实现经济效益与环境效益双赢,使得 PVC 树脂生产及加工行业有更为广阔的市场前景。

结合我国竹产业加工废弃物资源,以 PVC 树脂为基体材料,开发符合国家复合板材标准的竹颗粒增强 PVC 复合材料,替代传统的木材,促进竹颗粒废弃物板材化利用,具有重要的应用基础研究价值。该材料的应用对保护生态环境和森林资源以及建设资源节约型和环境友好型社会,均具有十分重要的现实意义。

# 5.3  木塑复合材料研究进展及存在的问题

WPC 按照基体类型可分为热塑性复合材料和热固性复合材料。常用的热塑性树脂有聚乙烯、聚苯乙烯、聚丙烯等。热塑性复合材料具有密度小、强度高、性能可设计、热性能优良、耐水、耐化学腐蚀、不反射无线电电波、透过微波性能良好、废料能回收利用等优点(Matuana et al.,1998;Stark et al.,2010),因而得到广泛的应用。天然纤维增强体复合材料相对传统的玻璃纤维复合材料在强度和硬度上无明显优势,但是该材料的比强度和比模量远大于玻璃纤维复合材料,而且其价格低廉,产品质量轻,由于使用天然资源,符合可持续发展原则。目前,热塑性复合材料已经用于车辆制造工业、机电工业、化工防腐及建筑工程等领域。热塑性复合材料研究应用中的关键问题是如何改善天然纤维和树脂基体的相容性及选择适宜的成型工艺。热固性复合材料是由热固性树脂和增强材料复合而成的,典型的热固性树脂复合材料有酚醛树脂复合材料、环氧树脂复合材料、双马来酰亚胺树脂复合材料、聚酰亚胺复合材料等。目前,学术界对 WPC 的研究主要集中在热塑性复合材料领域,具体体现在以下几个方面。

## 5.3.1  原料特性对复合材料性能的影响

通常考虑的原料特性包括填料粒度、含水率及填料与基体的质量比。在原料特性对产品性能影响研究方面,Khoathane 等(2008)认为增加纤维含量可提高大麻纤维增强 1-戊烯/聚丙烯复合材料的拉伸强度和弹性模量,降低冲击强度。Chaharmahali 等(2008)将废弃的刨花板粉碎作为填料制备树脂复合材料,结果发现刨花含量为 70% 时,复合材料的物理力学性能优于刨花含量为 60% 和 80% 时的结果。Valle 等(2007)发现,增加纤维含量,复合材料的热性能改善,但材料的玻璃化转变温度变化不明显。

蔡红珍等(2007)以麦秸粉和高密度聚乙烯为主要原料,采用挤出成型方式制备生物质/塑料复合材料。结果发现,随着麦秸粉用量的增加,复合材料的弯曲强度、冲击强度、抗拉强度呈下降趋势,麦秸粉粒度为 40~60 目时,上述各指标达到最大值。张庐陵等(2006)认为竹屑粉/PF 复合材料中的竹屑粉含量和粒度对性能有明显的影响,控制竹屑粉的粒度和分散度能使竹屑粉/PF 复合材料取得较好的性能。朱晓群等

(2001)认为复合材料的弯曲强度随木粉含量的增加而提高,冲击强度随木粉含量的增加而下降;弯曲强度随木粉粒度减小显著降低,而冲击强度先有所升高而后降低。何莉萍等(2008)通过改变剑麻纤维的长度(3mm、5mm、8mm)、含量(5%、10%、15%、20%)和预处理方法制备不同的增强复合材料,并研究其拉伸性能,拉伸应力-应变关系、伸长率、电镜断口微观结构等。闫明涛等(2008)讨论了复合材料的组成对熔体流变行为、熔体黏度的影响,以及不同配比复合材料的力学性能。结果表明,熔体黏度随着 PEN 短纤维含量增加而不断上升,随 PEN 短纤维加入量的增加,复合材料的拉伸强度、断裂强度、弹性模量均明显提高,无缺口冲击强度略有提高。

总的来说,原料特性及组分的质量比对成品复合材料的性能影响显著。但是,由于生物质原料特性的不同及不同因素之间交互作用的复杂性,对以毛竹和 PVC 为原料制备复合材料的研究还有待深入,原料含水率对复合材料加工过程及制品性能的影响还有待进一步研究,尤其是纤维粒度、含水率及纤维与原料配比等因素间的交互作用对复合材料性能的影响还有待探明。

## 5.3.2 增容处理对复合材料性能的影响

木材因表面有极性基团——羟基,表现为亲水性;而塑料表面是非极性的,表现为憎水性,树脂基体与木纤维之间的界面相容性差,影响了木塑复合材料的力学性能。此外,氢键的作用也导致木纤维之间的作用力增强,从而导致木纤维在树脂基体中的分散(Gacitua et al.,2010;Gwon et al.,2010;Kushwaha et al.,2010)。因此,如何改善疏水性树脂基体与亲水性天然木纤维之间的界面相容性是制备性能优良的木塑复合材料的关键。

木塑复合材料的界面增容主要通过对木纤维进行改性或添加界面改性剂的方法进行。

1.物理增容处理对复合材料性能的影响

物理增容的主要作用是增强纤维素表面与树脂基体的啮合。物理改性方法主要包括加热烘干、蒸汽喷发、放电处理和放射处理等。

加热烘干是处理木材及木塑复合材料最常见的方法。李兰杰等(2005)研究了在不同温度下烘箱干燥后松木粉的失重率及烘箱干燥温度和时间对松木粉增强聚乙烯复合材料性能的影响。结果发现,经105℃烘箱干燥7 h的松木粉增强聚乙烯复合材料性能达到最佳,拉伸强度为19.8MPa,冲击强度为6.5MPa。这种方法是基于半纤维素热降解和木质素的重排方法,能使木材表面羟基含量降低,有利于其与塑料的黏结。但是半纤维素的移除,使得胞壁结构不稳定,且高温也会导致木材发生各项异性收缩、破裂,甚至胞壁结构被破坏。

蒸汽喷发是处理木材的一种新方法,该方法通过引起木材形态和结构的变化,使木材的胞壁被破坏,从而增加木材强度和表面积。国内外学者采用蒸汽喷发方式对香蕉纤维、竹纤维和木粉进行了处理(Tokoro et al.,2008;Renneckar et al.,2005,2006, 2007;Quintana et al.,2009;Paul et al.,2008;Yin et al.,2007;Angles et al.,2001),结果发现,蒸汽喷发可显著提高复合材料的弯曲强度及纤维和基体的相容性。该方法是利用蒸汽喷发产生的瞬间冲力,使得半纤维素等物质与纤维分离,同时改善木材表面的羟基分布,有利于改善其与树脂的相容性。但是该方法获得的纤维的长度较难控制,且由于设备等限制,生产效率低,无法大规模应用。

放电处理包括低温等离子处理、电晕放电等。Wolkenhauer等(2008)、Liu等(2010)、Scholz等(2010)、钟鑫等(2003)研究了等离子处理对木纤维的作用及其增强树脂基复合材料性能的影响。结果发现,用低温等离子轰击木材表面,可提高木材表面的极性,从而提高其与塑料的黏结性能。电晕放电通过对木材表面的蚀刻作用,形成力学咬合力,可改变木材的表面势能。

有学者通过对以上木塑复合材料的界面物理改性方法进行比较,认为结合射线改性可以提高以上方法的效果。

在射线改性方面,Albano等(2001,2002)研究了不同剂量的γ射线处理对木粉和剑麻纤维增强聚丙烯复合材料的力学性能、热学行为以及形貌的影响,发现小剂量的放射处理可以提高复合材料的力学性能。Reyes等(2001)分别研究了不同剂量的γ射线放射处理对聚丙烯、聚丙烯与天然或回收的高密度聚乙烯的混合物、聚丙烯与高密度聚乙烯以及木粉的混合物的力学性能的影响,发现对于纯聚丙烯,经放射处理后复合材料的杨氏模量提高了,而断裂伸长率却急剧下降。另外,小剂量的放射处理可以提高复合材料的断裂强度,但是过大的剂量会引起强度的降低。放射处理主要用来改善填充物与基体之间的界面黏结以及在不用任何化学添加剂的情况下提高复合材料的性能,可以替代偶联剂或相容剂,是唯一一种通过引入能量来产生材料结构上有利变化的技术,但是对剂量和操作环境要求较高。

目前物理增容处理研究还处于起步阶段,且物理增容对设备和操作环境的要求较高,处理时间较长,不易大规模应用。

2.化学增容处理对复合材料性能的影响

化学改性主要是利用纤维素表面的羟基形成化学键,如将木纤维表面的羟基进行乙酰化以降低木纤维的表面活化能,或利用相容剂的羧基或酰基与纤维素中的羟基发生酯化反应,如PP接枝马来酸酐(Dikobe et al.,2010;Qiu et al.,2005;Zhang et al.,2009)、异氰酸酯(Nourbakhsh et al.,2008;Karmarkar et al.,2007)等。常用的化学改性方法有碱处理法、偶联剂修饰等。

在碱处理方面,Lopattananon等(2008)采用质量百分浓度为5%的NaOH对菠萝叶纤维增强环氧基体复合材料的界面结合强度进行改善。结果表明,碱处理提高了复合材料的界面剪切强度,复合材料的弯曲强度和冲击强度也有较大改善。Towo等(2008)采用0.06mol的NaOH水溶液处理的剑麻纤维制备了聚酯/环氧树脂复合材料,获得的复合材料性能明显改善。Sinha等(2008)采用1.26mol的NaOH水溶液在室温条件下分别对黄麻纤维进行2h、4h和8h化学改性。结果表明,碱处理改变了纤维结晶度,纤维的机械强度改善。Pothan等(2008)认为相对于其他化学改性方式,采用1%NaOH水溶液简单处理菠萝叶纤维对复合材料性能的改善最为明显。碱处理主要是利用NaOH水溶液处理天然纤维,以改善纤维和基体间的界面结合力,由于NaOH可溶解部分半纤维素和果胶等物质,因此还可以提高复合材料的耐水性。但用NaOH处理会产生废弃的碱液,易造成环境污染。关于将类似的具有碱性的改性剂如硅酸钠等强碱盐作为碱处理改性剂的研究较少。

在界面偶联剂方面,国内外学者进行了大量的研究,Rahman等(2007)发现尿素和硅烷偶联剂可以有效提高油棕榈纤维增强材料的物理性能。Mengeloglu等(2007)使用马来酸酐-聚丙烯偶联剂提高了木粉复合板材的抗拉强度和抗拉模量,但对抗折强度和模量的改善效果不明显,同时降低了装饰板的缺口冲击强度。偶联剂如硅烷、马来酸酐等可显著提高木粉和树脂基体的相容性及拉伸强度等,但可能会降低材料的冲击强度,同时,偶联剂的加入,使得复合材料的降解性变差,加工及使用过程中可能会造成新的污染。

由于不同的热塑性树脂分子结构和化学特性有差异及其与木纤维复合的方式不

同,因而对于不同的树脂基体,所采用的化学改性方法也存在差异。PVC 作为常用的制备木塑复合材料的树脂基体,用于聚烯烃的部分界面改性剂也可以用于 PVC 的界面改性,如异氰酸酯、马来酸酐、硅烷等。但由于 PVC 带有氯原子,它与木纤维的界面亲和行为比较特殊,在 PP 基木塑复合材料中使用的化学改性方法,如把木纤维的亲水基团转化为憎水基团,不完全适合于 PVC 木塑复合材料的界面改性。PVC 木塑复合材料的界面黏合力的提高主要靠表面张力的匹配、良好的力学接触和链缠结,以及界面改性剂的物理或化学作用等,单独的表面张力匹配不能够确保 PVC 木塑复合材料良好的界面张力。目前,常用的 PVC 木塑复合材料改性主要是对 PVC 基体进行修饰,以改善基体与木粉的相容性,如常用的氯化聚乙烯界面改性剂,该物质与 PVC 具有一定的结构相似性,在提高 PVC 与木纤维的界面亲和力的同时,还可以提高复合材料的熔体强度和断裂伸长率,降低剪切应力、熔体黏度、熔体压力和挤出转矩,改善加工性能。对 PVC 木塑复合材料的界面改性还可以从改善树脂与木纤维之间的酸碱作用着手。当 PVC 作为木塑复合材料的基体时,酸碱作用有利于增强树脂与木纤维之间的界面黏合力。其中,将 PVC 作为路易斯酸(受电子),采用氨基硅烷等把木纤维改性成为路易斯碱(给电子),使氨基硅烷改性的木纤维与 PVC 形成化学键,可有效提高 PVC 木塑复合材料的力学性能。Matuana 等(1989,1998)采用 γ-氨基丙基三甲氧基硅烷(A-1100)、二氯二乙基硅烷、邻苯二甲酸酐、聚乙二醇马来酸酐、PPg-MAH 对复合材料表面进行修饰。结果表明,A-1100 改善了 PVC/木纤维的界面黏合力,从而提高了复合材料的拉伸强度,但 A-1100 价格高,硅烷由于水解及自缩聚能力较强,难以均匀覆盖木纤维的表面,因此难以得到推广。Bakar 等(2005,2008,2010)研究发现,苯甲酰化提高了油棕榈纤维增强 PVC 复合材料的拉伸强度和冲击强度,氯化聚乙烯改善了油棕榈纤维增强 PVC 复合材料的热特性,马来酸酐偶联剂的添加改善了复合材料的拉伸强度和断裂伸长率。盛奎川等(Wang et al.,2010)采用碱处理等方式对竹颗粒增强 PVC 基复合材料进行了研究。结果发现,竹颗粒表面修饰可以改善复合材料的界面,处理后的复合材料性能明显优于未处理的复合材料。

目前,国内外学者对木粉增强 PVC 复合材料进行了大量的研究,但关于竹颗粒增强 PVC 复合材料的研究较少。其中,界面增容方式中多采用马来酸酐、硅烷偶联剂,有些学者对碱处理天然纤维增强 PVC 复合材料的效果进行了分析。总的来说,在

PVC基木塑复合材料增容方面,化学增容方式较为单一,物理增容等方式还存在欠缺,尤其是符合国际绿色低碳要求的有效界面增容方式还有待探索。

3.水热增容处理对复合材料性能的影响

水热处理技术是利用超临界和近临界的水的特殊性质,使有机物在一定温度和压力下发生以降解为主的热解、水解和溶解反应以及氧化反应的过程。与普通水相比,水热条件下的水具有其特殊的性质,在水热条件下水的密度、离子积、黏度及介电常数发生急剧变化,表现出类似于稠密气体的特性,分子间的氢键作用减弱导致其对有机物和气体的溶解度提高,同时无机物的溶解度也大幅下降,这些溶剂性能和物理性质使其成为处理有机废物的理想介质。水热条件下因水的特殊性质而发生的质子催化、亲核反应、氢氧根离子催化以及自由基反应,使得反应过程中水既是反应介质又是反应物,在特定的条件下能够起到酸碱催化剂的作用。

1)生物质水热技术影响因素

根据温度和压力的不同,可以将水热处理过程中高温高压水分为超临界水(Supercritical Water,SW;$T \geqslant 374℃$,$P \geqslant 22.1MPa$)和亚临界水(Subcritical Water,SuW;$T < 374℃$,$P < 22.1MPa$)。水热反应中的高温高压水的特性与常温水特性差异较大,高温高压下的水具有更好的溶解性能,可以发生一些常态水下难以进行的反应,是一种更佳的反应载体(Savage,1999)。同时,它还可以表现出一些如酸碱催化等特殊作用。水热处理过程中所涉及的因素主要是反应温度、压力、停留时间和催化剂(Suryawati et al.,2008;Bobleter,1994)。

温度、压力和时间是水热处理过程中的重要参数,这些参数的设置直接影响到处理效果的好坏。温度和压力设置将直接影响水热处理过程中水的性质和作用,为当前的研究重点。一般而言,随着温压的提高,水热反应加快,当处于超临界状态时,物质的反应非常迅速,通常在几秒内就完成,且产物多为二氧化碳和水。而随着温压的提高,对设备和能源的要求也会提高。

停留时间是影响水热处理效果的另一个重要因素。在合适的时间终止反应,不仅可以获得良好的处理效果,还可以节省能源。停留时间的长短受原料和温压情况、处理目标影响。温度、压力和停留时间为负相关关系。

催化剂是水热处理过程中的又一重要因素,通过添加合适的催化剂,可以提高处理效率,改善处理效果。目前,水热反应处理生物质的常用催化剂有氧化剂和化学催化剂。其中,氧化剂主要是指过氧化氢等物质,对此类研究主要集中在添加量方面。化学类催化剂主要有低酸溶液、低碱溶液、中性或碱性盐(Malester et al.,1992;Karagöz et al.,2004,2005;Tagaya et al.,2004;Bicker et al.,2005)等。此外,水热过程中的生物质浓度(即浴比)等也会对处理结果产生影响。

2)生物质水热处理及其在木塑复合材料中的应用

水热处理过程基本不使用化学试剂或使用少量的化学试剂,反应过程对釜体无腐蚀,无须对原料进行预粉碎,因而在生物质预处理方面具有广阔的应用前景。Kristensen 等(2008)采用水热方式对稻秸进行了预处理。结果发现,水热处理使得木质素结构发生明显改变,但没有降解纤维素,稻秸中的蜡质及部分半纤维素被移除。Ramos(2003)认为水热预处理破坏了细胞壁的结构,该过程包括碳水化合物与木质素的连接、半纤维素大分子的重塑及溶解。Chang 等(2000)研究发现,生物质水热预处理还可以改善纤维素的结晶度。Minowa 等(1997)研究了催化和无催化条件下纤维素的水解特性。结果发现,纤维素降解程度随着反应温度的升高而提高。Suryawati等(2008)采用半连续反应器研究了柳枝稷在亚临界水中的水解过程。结果发现,碳酸钾催化水热处理使得柳枝中的木质纤维素结构被破坏。

在木塑复合材料方面,关于对木粉进行水热处理进而达到界面增容的研究较少。Pickering 等(2007)在 160℃下利用 NaOH 对大麻纤维进行处理,并制备了大麻纤维增强聚丙烯复合材料。结果发现,大麻纤维强度明显改善,木质素含量降低且纤维分离效果好,经马来酸酐接枝处理的复合材料的拉伸强度可达 47.2MPa,杨氏模量可达4.88GPa。Sreekumar 等(2008)在 100℃下采用高锰酸、苯甲酰化及硅烷偶联剂对剑麻纤维进行了处理,并制备了邻苯二甲酸酯复合材料。结果表明,复合材料的储能模量、损耗模量和制动阻尼因数均得到改善。总的来说,水热处理能够促进木质素的重构,移除部分半纤维素,还可以增加纤维素的可及度,且对细胞壁没有破坏作用,因而可以改善纤维和基体的相容性,提高复合材料的物理力学性能。同时,以水为反应物质和介质,可以改变相行为,提高扩散速率,增强溶剂化效应,从而有利于控制反应过程及相分离,缩短反应时间,还能控制产物的分布。

水热处理技术以其反应速度快、设备体积小、处理范围广、效率高、无二次污染、节约能量和便于固液分离等优点,在木塑复合材料界面增容方面具有独特的优势。但目前关于温度、催化剂、反应时间等因素对天然纤维的作用及其对木塑复合材料界面增容的影响还没有系统的研究,相关的研究还处于探索阶段。

### 5.3.3  成型工艺对复合材料性能的影响

常见的热塑性复合材料成型工艺有注射成型、挤出成型、缠绕成型及热模压成型等。

注射成型周期短,能耗最小,产品精度高,一次可成型,可生产复杂及带有嵌件的制品,生产效率高。缺点是对模具质量要求较高,不能生产纤维增强复合材料制品。根据目前的技术发展水平,注射成型的最大产品为5kg,最小产品为1g。这种方法主要用来生产各种机械零件、建筑制品、家电壳体、电器材料、车辆配件等。

挤出成型是热塑性复合材料制品生产中应用较广的工艺之一。其主要特点是生产过程连续,生产效率高,设备简单,技术容易掌握等,但挤出成型工艺仅用于生产管、棒、板及异型断面型制品等。

缠绕成型工艺需要在缠绕机上增加预浸纱预热装置和加热加压辊,成型速率较慢。

热模压成型是天然纤维增强树脂基复合材料常用的成型工艺之一。热模压成型设备简单,技术容易掌握,理论上可用于生产各种形状、不同尺寸的产品。Kumari 等(2007)采用热模压成型、注射成型和挤出成型制备纤维素微纤维/聚丙烯复合材料。结果发现,热模压成型样品的冲击强度最高,而注射成型样品的断裂模量(70MPa)和弹性模量(7GPa)最高。Mizuta 等(2006)发现,热模压成型压力和压缩速率对复合材料的冲击强度影响显著。Mohanty 等(2003)发现,纤维素乙酸酯复合材料热模压成型样品的冲击强度最大,注射成型样品拉伸强度和模量最大。宋艳江 等(2008)采用热模压成型工艺制备玻璃纤维增强热塑性聚酰亚胺复合材料,并研究了试样在高温条件下的弯曲强度和模量的变化规律。王春红 等(2008)采用热模压工艺制备亚麻落麻纤维/聚乳酸基可降解复合材料,并研究了热模压成型工艺中模压温度对复合材料拉伸性能的影响。雷文 等(2008)采用热模压工艺,在温度175℃,压力分别为5MPa、10MPa、15MPa 和20MPa 下制备了聚丙烯/苎麻布复合材料,并研究了成型压力对复合材料力学性能的影响。易回阳 等(2008)采用四因子三水平的正交实验研究了不同模压条件对 HDPE/CB 复合材料 PTC 强度的影响。结果发现,各设计因素对样品 PTC 强度的影响大小顺序为:冷却时间>模压温度>模压压力>模压时间。

以上研究探讨了热模压工艺对复合材料力学性能的影响,且主要针对木粉、聚丙烯原料,而针对以竹粉、PVC 为原料的热模压工艺参数的研究还很少,关于热模压工艺对复合材料密度和吸水性的影响研究也不多。

## 5.3.4 小 结

在天然纤维表面修饰和木塑复合材料方面,国内外学者进行了大量的相关研究,但还存在以下不足:

(1)关于采用竹颗粒作为增强材料制备复合材料的研究不多,关于竹颗粒粒度、竹颗粒与基体树脂比例及竹颗粒含水率对复合材料性能影响的研究还有待深入。

(2)由于竹颗粒及 PVC 基体材料的特殊性,采用该原料制备复合材料所需要的热模压压力、温度与复合材料力学性能、吸水率、厚度膨胀率间的关系还有待进一步探索。

(3)已有的研究主要是采用化学增容处理竹颗粒/PVC 界面,且主要采用氢氧化钠等试剂,对一些具有特殊性质的改性化学试剂如硅酸钠、高锰酸钾等的研究还不够。

(4)关于采用水热增容方式对复合材料界面进行增容的研究还处于起步阶段,关于水热处理温度、催化剂等因素对增容效果的影响的研究还未见报道,尤其是水热处理对复合材料界面的增容可行性及机理还有待探索。

# 6 加工工艺及物料配比
# 对竹塑复合材料的影响

## 6.1 引　言

在木塑复合材料生产过程中,为保证产品质量,要求设备选择合理,模具设计精细,根据原料特性和物料配比选择合适的工艺条件。在加工过程中,竹纤维在剪切力、受热的作用下易发生焦化和磨损;聚合物基体在加工过程中的流动性问题也是影响材料形态和性能的重要因素,在热处理过程中的老化、韧性降低、强度下降问题也是加工工艺所需要解决的问题。但目前木塑复合材料的研究大多集中在纤维及聚合物基体改性上,关于加工工艺的研究很少,因此还需要木塑复合材料工作者不断努力,总结出更多的经验。由于填充基体、加工方式和纤维尺寸不同,最佳竹塑配比也不尽相同,纤维添加量对材料在加工过程中的流动性,复合材料的力学性能、吸水性和耐热性都有重要影响。

本章探讨了工艺条件对热模压成型和注塑成型两种成型方式所制备的复合材料的力学性能的影响,并考察了竹塑配比对复合材料的力学性能、吸水性、热稳定性及热性能的影响。

## 6.2 加工工艺对复合材料性能的影响

### 6.2.1 热模压成型

热模压成型作为常用的成型工艺之一,具有十分广泛的应用前景。

1.实验方法

采用闭模热模压成型法制备竹塑复合材料,模具由实验室自主设计,工艺流程依次为混炼、造粒、铺装、热压、冷却。取适量粒度大小为 40 目的竹纤维(微生物处理时间为 14 天)进行干燥(即调节含水率),然后按照 30∶70 的用量分别对竹纤维(BF)和聚丙烯(PP)进行称量,将干燥好的竹纤维和聚丙烯按既定配比混合均匀后放入 HL-200 型密闭式混炼机中混炼 5min,温度为 190℃,转速为 60r/min。待混炼后的样品冷却至室温后将其铺装至模具,喷洒适量的脱模剂,在 GT-7014-A50C 型热模压成型机上压模成型。热压完成后开启循环水系统,直至样品温度降至 100℃左右,关闭循环水,待样品自然冷却后取出样条。采用正交试验法对单位压力、热压温度和热压时间这三个因素进行考察,具体实验因素、水平如表 6.1 所示。试验过程中,每一项处理重复进行 3 次,取平均值。

表 6.1　热模压成型正交试验因素及水平

| 水平 | 因素 | | |
| --- | --- | --- | --- |
| | A | B | C |
| | 单位压力/MPa | 热压温度/℃ | 热压时间/min |
| 1 | 2 | 180 | 5 |
| 2 | 3 | 190 | 7 |
| 3 | 4 | 200 | 9 |

2.结果与讨论

在热模压成型过程中,影响材料力学性能的工艺参数主要是单位压力、热压温度和热压时间。本实验采用正交分析法考察了这三个因素对 BF/PP 的拉伸及弯曲性能的影响,测试结果如表 6.2 所示。

表 6.2　热模压成型工艺参数对 BF/PP 的力学性能的影响

| 试验号 | A | B | C | 拉伸强度/MPa | 拉伸模量/MPa | 弯曲强度/MPa | 弯曲模量/MPa |
| --- | --- | --- | --- | --- | --- | --- | --- |
| 1 | 1 | 1 | 1 | 11.19 | 160.07 | 20.84 | 1303.62 |
| 2 | 1 | 2 | 2 | 13.48 | 193.40 | 25.90 | 1576.90 |

| 试验号 | A | B | C | 拉伸强度/<br>MPa | 拉伸模量/<br>MPa | 弯曲强度/<br>MPa | 弯曲模量/<br>MPa |
|---|---|---|---|---|---|---|---|
| 3 | 1 | 3 | 3 | 8.93 | 127.19 | 15.73 | 1205.69 |
| 4 | 2 | 1 | 2 | 13.04 | 182.41 | 20.47 | 1667.29 |
| 5 | 2 | 2 | 3 | 16.89 | 206.45 | 24.18 | 1884.90 |
| 6 | 2 | 3 | 1 | 9.52 | 153.72 | 16.16 | 1515.71 |
| 7 | 3 | 1 | 3 | 12.65 | 166.86 | 18.80 | 1569.86 |
| 8 | 3 | 2 | 1 | 14.35 | 229.18 | 22.24 | 1771.96 |
| 9 | 3 | 3 | 2 | 8.24 | 158.83 | 15.62 | 1534.56 |

正交分析结果(见表 6.3)显示,拉伸强度、拉伸模量、弯曲强度呈现 $R(B)>R(A)$ $>R(C)$ 的结果;弯曲模量测试结果为 $R(A)>R(B)>R(C)$,即热压时间的极差值 $R(C)$ 相对于单位压力和热压温度的极差值 $R(A)$、$R(B)$ 较小,因此,热压时间对 BF/PP 的拉伸和弯曲性能影响较小,对复合材料力学性能的影响起主导作用的是单位压力和热压温度。总体来看,当单位压力为 2MPa 时材料的拉伸强度、拉伸模量和弯曲模量低于单位压力为 3MPa 及 4MPa 的实验组,其原因可能是单位压力过小,使得材料在成型过程中未被压实,基体内部、纤维与基体间存在空隙和空洞,材料在受力时易在缺陷处断裂,因而力学性能较差。当单位压力在 3～4MPa 时,材料的密实性较高,混合纤维的热结合效果更为理想。复合材料的力学性能随着热压温度的升高先增强后减弱,在热压温度为 200℃时材料的拉伸和弯曲强度均明显下降,温度对材料的弯曲强度影响最为明显,热压温度从 190℃升高到 200℃时,材料的弯曲强度降低了 34%左右。这是由于植物纤维的耐热性较差,一般植物纤维的分解温度在 180～200℃,加工温度过高,纤维可能会在材料内部受热而发生焦化现象,影响其增强效果。因此,加工时间也不宜过长。

考虑到经济及产品质量两方面的因素,最终确定热模压成型法制备 BF/PP 的相关工艺参数为单位压力 3MPa,热压温度 190℃,热压时间 5min。

表 6.3　热模压成型正交分析结果

| 力学性能 | 试验编号 | A | B | C |
|---|---|---|---|---|
| 拉伸强度/MPa | $k_1$ | 11.20 | 12.29 | 11.69 |
| | $k_2$ | 13.15 | 12.45 | 11.59 |
| | $k_3$ | 11.75 | 8.90 | 12.82 |
| | $R$ | 1.95 | 3.55 | 1.14 |
| 拉伸模量/MPa | $k_1$ | 160.22 | 169.78 | 180.99 |
| | $k_2$ | 180.86 | 209.677 | 178.21 |
| | $k_3$ | 184.96 | 146.58 | 166.83 |
| | $R$ | 24.74 | 63.10 | 14.16 |
| 弯曲强度/MPa | $k_1$ | 20.82 | 20.04 | 19.75 |
| | $k_2$ | 20.27 | 24.11 | 20.66 |
| | $k_3$ | 18.89 | 15.84 | 19.57 |
| | $R$ | 1.38 | 8.27 | 1.09 |
| 弯曲模量/MPa | $k_1$ | 1362.07 | 1513.59 | 1530.43 |
| | $k_2$ | 1689.30 | 1744.587 | 1592.92 |
| | $k_3$ | 1625.46 | 1418.65 | 1553.48 |
| | $R$ | 327.23 | 325.93 | 62.49 |

## 6.2.2　注塑成型

1.实验方法

采用注塑成型法制备竹塑复合材料,取适量粒度大小为 40 目的竹纤维(微生物处理时间为 14 天)进行干燥(即调节含水率),然后按照 30:70 的用量分别对竹纤维和聚丙烯进行称量,将干燥好的竹纤维和聚丙烯按既定配比混合均匀后投入 WLG10 型双螺杆混炼机中混炼 5min,腔板温度为 195℃,转速条件为 100r/min。随后降低转速至 60r/min 左右,打开出料开关,待腔内混料全部进入料筒后迅速取出料筒,放入 WZS10D 型微型注塑成型机中,注塑成型,料筒温度保持在 40℃。注塑完成后取出样品备用。采用正交试验法对保压时间、料筒温度和注塑压力这三个因素进行考察,具体实验因素、水平如表 6.4 所示。试验过程中,每一项处理重复进行 3 次,取平均值。

表 6.4 注塑成型正交试验因素及水平

| 水平 | 因素 | | |
|---|---|---|---|
| | A | B | C |
| | 保压时间/s | 料筒温度/℃ | 注塑压力/MPa |
| 1 | 10 | 185 | 3 |
| 2 | 15 | 195 | 4 |
| 3 | 20 | 205 | 5 |

2.结果与讨论

热模压成型工程中,影响材料力学性能的主要工艺因素是保压时间、料筒温度和注塑压力。本实验采用了正交分析法考察了这三个因素对 BF/PP 的拉伸及弯曲性能的影响。力学性能测试结果如表 6.5 所示。

表 6.5 注塑成型工艺参数对 BF/PP 的力学性能的影响

| 试验号 | A | B | C | 拉伸强度/MPa | 拉伸模量/MPa | 弯曲强度/MPa | 弯曲模量/MPa |
|---|---|---|---|---|---|---|---|
| 1 | 1 | 1 | 1 | 12.14 | 225.34 | 24.92 | 1772.91 |
| 2 | 1 | 2 | 2 | 26.27 | 364.55 | 43.85 | 2240.85 |
| 3 | 1 | 3 | 3 | 24.53 | 257.32 | 28.62 | 1658.98 |
| 4 | 2 | 1 | 2 | 18.44 | 181.67 | 38.86 | 2251.76 |
| 5 | 2 | 2 | 3 | 30.80 | 469.12 | 42.90 | 1919.90 |
| 6 | 2 | 3 | 1 | 13.16 | 215.74 | 21.04 | 1565.52 |
| 7 | 3 | 1 | 3 | 17.39 | 282.74 | 38.67 | 1861.93 |
| 8 | 3 | 2 | 1 | 23.75 | 277.85 | 26.37 | 1876.10 |
| 9 | 3 | 3 | 2 | 14.84 | 232.28 | 27.61 | 1505.78 |

正交分析结果(见表6.6)显示,对拉伸强度、拉伸模量和弯曲强度来说,保压时间的极差值 $R(A)$ 相对于料筒温度和注塑压力的极差值 $R(B)$、$R(C)$ 要小,因此,保压时间对 BF/PP 的拉伸和弯曲性能影响较小,对复合材料力学性能的影响起主导作用的是料筒温度和注塑压力。合理的保压时间能够保持材料内部密度均匀,提高材料表面的光泽度,改善压力的传递。若混合料在料筒中滞留的时间过长,竹纤维易在高温下发生热降解,同时材料内应力大,影响材料力学性能。因此,应尽可能选择短的注塑时间。

与热模压成型法相似,材料的拉伸和弯曲性能都随温度的升高呈现出先增强后减弱的趋势,料筒温度从 195℃升高到 205℃时材料的拉伸强度和弯曲强度分别降低了 35%和 32%左右。因此,料筒温度保持在 195℃较为合理。由于聚丙烯本身黏度大,加上混料中含有竹纤维,混合料流动性较差,当料筒温度在 185℃时,需要相应地提高注塑压力才能使物料顺利进入模具成型。在实验过程中,当料筒温度在 185℃时,存在部分混料残留在料筒中,充模不足而造成样条凹陷或残缺的情况。从试样表面的颜色来看,当料筒温度在 205℃时,试样的颜色稍深,这是由于料筒温度过高纤维受热发生了焦化,也可能是因为混料在料筒的高温环境下停留太久。料筒温度过高时,在完成注塑后,样品在低温的模具中可能会出现体积收缩的现象,进而会导致样品形变。

从表6.5及表6.6可以看出拉伸强度、拉伸模量和弯曲强度随注塑压力的升高而增大,弯曲模量则出现先增大后减小的趋势。注塑压力对材料的力学性能影响最为明显,注塑压力从 3MPa 升高到 5MPa 时材料的拉伸强度和弯曲强度均提高了 52%左右。注塑压力过低会造成物料滞留在料筒中而无法完全进入模具,制成的样条形状残缺或向内凹陷,产生残余应力,同时样品的密实度也较低,内部结构松散,影响材料的力学性能。当注塑压力过大时会产生溢边或胀模等现象,对模具的损害也比较大。同时,过大的压力易使材料在模具中发生弹性形变,内部分子取向度增大,内应力增大。但在实际操作过程中,注塑压力较难控制在一个定值,应尽量控制在4~5MPa。

综上,保持注塑压力为 4~5MPa、料筒温度为 195℃、保压时间为 10s 时制备的复合材料综合性能最佳。

表 6.6 热模压成型正交分析结果

| 力学性能 | | A | B | C |
|---|---|---|---|---|
| 拉伸强度/MPa | $k_1$ | 20.98 | 15.99 | 15.99 |
| | $k_2$ | 20.80 | 26.94 | 19.85 |
| | $k_3$ | 18.66 | 17.51 | 24.24 |
| | $R$ | 2.32 | 10.95 | 8.25 |
| 拉伸模量/MPa | $k_1$ | 282.40 | 229.92 | 239.64 |
| | $k_2$ | 288.84 | 370.51 | 259.50 |
| | $k_3$ | 264.29 | 235.11 | 336.39 |
| | $R$ | 24.55 | 140.59 | 96.75 |
| 弯曲强度/MPa | $k_1$ | 32.46 | 34.15 | 24.11 |
| | $k_2$ | 34.27 | 37.71 | 36.77 |
| | $k_3$ | 30.88 | 25.76 | 36.73 |
| | $R$ | 3.38 | 11.95 | 12.62 |
| 弯曲模量/MPa | $k_1$ | 1890.91 | 1962.2 | 1738.18 |
| | $k_2$ | 1912.39 | 2012.28 | 1999.46 |
| | $k_3$ | 1747.94 | 1576.76 | 1813.60 |
| | $R$ | 164.46 | 435.52 | 261.29 |

# 6.3 物料配比对复合材料性能的影响

## 6.3.1 复合材料的制备

采用注塑成型法制备竹塑复合材料,取适量粒度大小为 40 目的竹纤维(微生物处理时间为 14 天)进行干燥(即调节含水率)。按比例称取 50g 竹纤维与聚丙烯(两者的质量比分别为 0∶100、10∶90、20∶80、30∶70、40∶60、50∶50),再加入 1g 聚乙二醇,将干燥好的竹纤维和聚丙烯按既定配比混合均匀后投入 WLG10 型双螺杆混炼机中混炼 5min,腔板温度为 195℃,转速条件为 100r/min。随后降低转速至 60r/min 左右,打开出料开关,待腔内混料全部进入料筒后迅速取出料筒,放入 WZS10D 微型注塑成型机中注塑成型,料筒温度 195℃,注塑压力 4～5MPa,模具温度 40℃,保压时间 10s。待自然冷却至室温后取出样品放入干燥器中备用。

## 6.3.2 复合材料性能表征

1.力学性能分析

为了探究经微生物处理后的竹纤维的加入对聚丙烯复合材料力学性能的影响,我们制备了不同竹纤维含量的复合材料,并测试了其拉伸性能和弯曲性能。

如图 6.1 所示,材料的拉伸强度与拉伸模量的变化趋势是相同的。加入 10% 的竹纤维后,材料的拉伸强度和拉伸模量略有所降低。这是由于竹纤维与聚丙烯基体之间的表面结合力较弱,且竹纤维的加入使得聚丙烯基体产生部分缺陷,此时纤维含量较低,增强效果反而未能超过材料内部缺陷造成的负面影响,因而材料的拉伸强度和拉伸模量有所下降。随着竹纤维添加量的增加,材料断裂伸长率减小。在竹纤维添加量为 40% 时,材料的拉伸强度、拉伸模量均达到较大值,分别为 27.94MPa 和 467.32MPa,较纯聚丙烯样品在相同条件下的拉伸强度 23.45MPa、拉伸模量 248.18MPa,分别提高了 19.1%、88.30%。当竹纤维含量较低时,竹纤维能够在基体中较为均匀地分布,聚丙烯基体与竹纤维的粗糙表面黏合,甚至与竹纤维发生交叉和缠绕,此时竹纤维在基体中起到增强作用。当竹纤维含量达到 50% 时,材料的拉伸强度和拉伸模量均下降,因为随着竹纤维含量的增大,竹纤维内富含的羟基易形成分子内氢键,纤维团聚现象更加严重,竹纤维在基体中难以均匀分布,因而缺陷产生的概率增大,材料的力学性能随之降低。BF/PP 的断裂伸长率随竹纤维含量的增大明显下降,这意味材料的脆性增大。脆性增大的原因有两点:一是竹纤维与聚丙烯基体相互缠绕交叉,束缚了基体;二是竹纤维作为刚性填料,其本身的形变程度是小于聚丙烯基体的。故随着纤维含量的增大,材料的断裂伸长率不断下降。竹纤维的拉伸性能总体较纯聚丙烯更优。

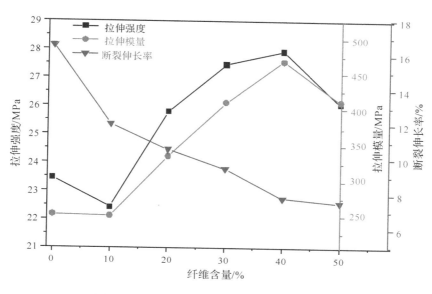

图 6.1 竹纤维含量对 BF/PP 拉伸性能的影响

材料的弯曲特性如图 6.2 所示,材料的弯曲强度、弯曲模量最初随着竹纤维添加量的增加而逐渐增大,在竹纤维添加量为 40% 时,弯曲强度达到较大值 45.77Mpa。

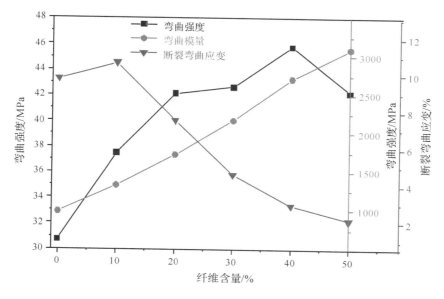

图 6.2 竹纤维含量对 BF/PP 弯曲性能的影响

继续增大竹纤维添加量后,材料的弯曲强度所有下降,但材料的弯曲模量仍呈增大趋势。这是因为竹纤维的弯曲性能较优,且微生物处理进一步加强了竹纤维的柔性,增强了其弯曲强度与弯曲模量,所以微生物处理后竹纤维的加入提升了复合材料的弯曲性能。在纤维含量较低时,纤维与聚丙烯基体间依靠范德华力结合。由于聚丙烯含量高,混合料的流动性高,混合较为均匀的纤维在基体内形成连续相,成品仍接近于塑料制品,所以弯曲效果好。当纤维含量达到50%时,物料在混炼过程中流动性变差,纤维与基体混合不均,在竹纤维聚集区纤维作为应力破坏引发点,在受到外载荷时迅速断裂扩展至周围基体。材料的断裂弯曲应变随着竹纤维添加量的增加呈现先增大后减小的趋势,在竹纤维添加量为10%时,达到较大值10.68%。竹纤维添加量为40%的复合材料的弯曲强度、弯曲模量较纯聚丙烯材料分别增大了49.0%和175.8%,表明竹纤维添加量为40%的聚丙烯复合材料的弯曲性能较纯聚丙烯材料更优,在弯曲性能方面,完全可以替代聚丙烯材料应用于生产中。

2.断面形貌分析

图6.3为不同竹纤维含量的BF/PP拉伸断面形貌。从放大150倍的断面形貌可以看出,当竹纤维含量为10%时,断面纤维很少,且存在纤维拔脱后产生的空洞。当竹纤维含量为30%和40%时,从拉伸断面可明显观察到竹纤维的分布及形态,竹纤维在基体中分布较为均匀,并未出现团聚现象,因而竹纤维与聚丙烯基体间的界面应力可以得到有效分散。当竹纤维含量达到40%时,断面竹纤维非常密集,取向杂乱。从放大1000倍的拉伸断面图观察到,当纤维含量为10%时纤维与基体间存在明显的间隙,且竹纤维表面光滑,呈拔脱状态,裸露在基体之外,因此纤维与基体间的界面结合很差,相应的力学性能不够理想。当竹纤维含量在20%～30%时,纤维与基体间结合非常紧密,基体对纤维呈包裹状态,纤维与基体间的界面非常模糊甚至消失。试样被拉断时断裂部位不在两相界面处,纤维不是被单根拔出,而是与树脂基体一起断裂,深陷在基体的包裹之中,可以推测纤维不是被拔出而是随基体一起被"扯断"。说明微生物改性处理有效地改善了极性纤维与非极性基体间的界面相容性,实现了两者间的应力传递。当竹纤维含量为40%时,复合材料的断面较其他几组更为平整,同时纤维表面还残留了基体颗粒,可见纤维是与基体一起断裂的,在基体中发挥了增强拉伸性能的作用。

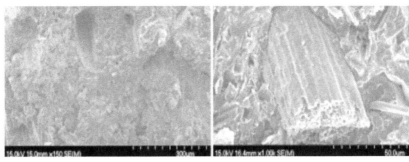

（a）竹纤维含量为0（放大150倍）　　　（b）竹纤维含量为0（放大1000倍）

（c）竹纤维含量为10%（放大150倍）　　（d）竹纤维含量为10%（放大1000倍）

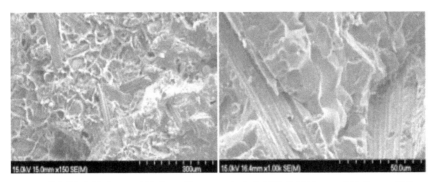

（e）竹纤维含量为20%（放大150倍）　　（f）竹纤维含量为20%（放大1000倍）

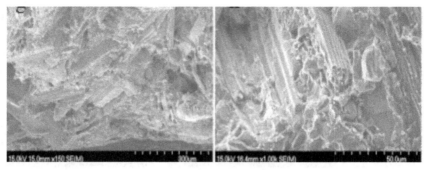

（g）竹纤维含量为30%（放大150倍）　　　（h）竹纤维含量为30%（放大1000倍）

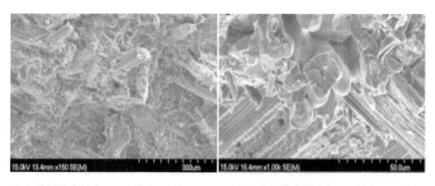

（i）竹纤维含量为40%（放大150倍）　　　（j）竹纤维含量为40%（放大1000倍）

图 6.3　不同竹纤维含量的 BF/PP 拉伸断面形貌

3. 吸水性分析

图 6.4 是不同竹纤维含量的 BF/PP 吸水率情况。从图中可以看出,纯聚丙烯几乎不吸水,竹纤维的加入使材料的吸水性明显增强,且 BF/PP 的吸水率随着纤维含量的增加而明显增强。这里将材料的质量变化小于 5mg 时的吸水率定义为材料的饱和吸水率。加入 10％的竹纤维的 BF/PP 的饱和吸水率小于 1％,吸水饱和时间在 40 天左右。而当竹纤维添加量超过 30％后材料的吸水率大幅上涨,饱和吸水率分别达到了 4.4％、5.4％和 8.5％,吸水饱和时间也分别增加至 80 天、110 天和 120 天。造成复合材料吸水率大幅升高的原因是,植物纤维本身亲水性强,将其大量添加到聚丙烯中后,其在基体中相互接触,交缠,形成网状结构,使得水分在其中更易传导。当竹纤维含量过高时,易发生团聚,此时聚丙烯基体不足以将竹纤维包裹,纤维之间形成空洞,水分子进入后以分子间和分子内氢键与大分子结合,在大分子链间形成水层(Liese,2001)。

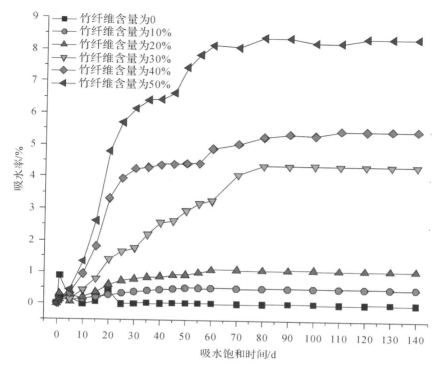

图 6.4　竹纤维含量对 BF/PP 吸水率的影响

4. 热稳定性分析

从图 6.5 中可以看到,改性后的竹纤维的热重曲线(TG 曲线)从升温开始就逐渐失重,微分热重曲线(DTG 曲线)在 79.23℃时出现了由竹纤维中水分蒸发所导致的失重速率的拐点,此时竹纤维的失重率为 3.0%。植物纤维的初始热分解温度为 180 ~200℃,从图中可以发现 260~350℃是竹纤维热分解反应的主要温度区域,350~600℃为竹纤维残焦分解的温度区域,600℃时残炭率为 23.73%。DTG 曲线上 287℃ 附近的肩峰为半纤维素热解的特征表现,而 351.32℃处的失重速率峰为纤维素受热分解所致。

从图 6.5 和表 6.7 可以看出,纯聚丙烯和 BF/PP 在 100℃ 左右没有出现失重,说明材料含水量很低,这是因为 BF/PP 的热加工温度为 195℃,在此温度下材料中的水分几乎完全蒸发了。聚丙烯的起始分解温度为 375.79℃,极大失重速率温度($T_{max}$)为 451.25℃,600℃残炭率为 3.56%。竹纤维的加入使材料的初始热分解温度向低温方向偏移,起始分解温度较纯聚丙烯低了,且竹纤维含量越高,材料的热分解温度向低温方向偏移越明显。说明竹纤维的加入降低了材料的热稳定性,这是因为竹纤维本身耐热性较差,热分解温度低。从图6.5可以看出BF/PP的热分解分为两个阶段:第一阶段在260～350℃,为竹纤维的受热分解失重阶段;第二阶段在350～500℃,为聚丙烯基体的热分解失重阶段,竹纤维加入后材料的极大失重速率温度较纯聚丙烯略有升高。当竹纤维添加量为10%时材料的热分解分段不明显,随着竹纤维含量的增大,分段愈发明显。因此,BF/PP的DTG曲线上除了出现竹纤维的两处失重峰外,在450～465℃范围内出现了极大失重速率峰。当热分解结束后,材料的残炭率也随竹纤维含量的增加而增大,说明竹纤维加入后,复合材料的阻燃性能有一定程度的提高。为了更直观地观察残炭率与竹纤维含量的关系,将600℃残炭率与纤维含量进行线性拟合,拟合结果如图6.6所示,600℃残炭率与竹纤维含量大体呈线性关系。

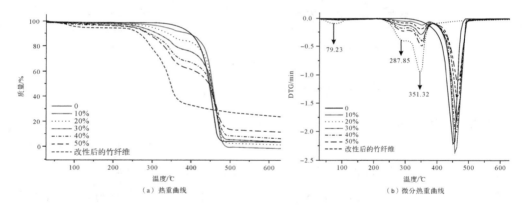

（a）热重曲线　　　　　　　　　（b）微分热重曲线

图6.5　改性后的竹纤维及不同竹纤维含量的BF/PP的热重分析

**表6.7　不同竹纤维含量的竹塑复合材料的 TG 和 DTG 分析**

| 竹纤维含量/% | $T_{5\%}$/℃ | $T_{2nd}$/℃ | $T_{max}$/℃ | 600℃残炭率/% |
|---|---|---|---|---|
| 0 | 375.79 | — | 451.25 | 3.56 |
| 10 | 331.66 | 350.95 | 457.13 | 1.53 |
| 20 | 293.85 | 350.08 | 463.25 | 1.78 |

| 竹纤维含量/% | $T_{5\%}$/℃ | $T_{2nd}$/℃ | $T_{max}$/℃ | 600℃残炭率/% |
|---|---|---|---|---|
| 30 | 268.48 | 351.08 | 463.43 | 3.36 |
| 40 | 243.05 | 351.09 | 463.55 | 6.88 |
| 50 | 243.80 | 351.32 | 463.87 | 11.72 |

注：$T_{5\%}$为材料失去质量为5%时的温度，并定义为起始分解温度；$T_{2nd}$、$T_{max}$分别为竹塑复合材料DTG曲线第2峰值和极大失重速率峰所对应的温度。

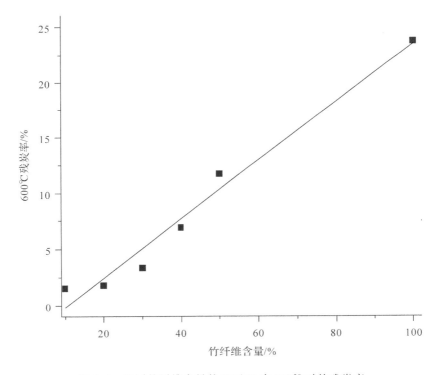

图6.6　不同竹纤维含量的BF/PP在600℃时的残炭率

5.热性能分析

图6.7为不同竹纤维含量的BF/PP的差示扫描量热分析（DSC）曲线，相关参数如表6.8所示。从中可以看出，竹纤维的加入对材料的熔融温度影响不大，结晶温度上升明显，说明加入的竹纤维成了异相种子，诱导了聚丙烯的结晶。通常聚合物中少

量的杂质或异物能够作为成核剂产生异相成核,促进聚合物结晶。而熔融焓和结晶焓则大幅降低,且随竹纤维含量的增加熔融峰和结晶峰面积下降明显。这是因为竹纤维的加入限制了聚丙烯分子量的运动,影响了材料的结晶,最终表现为熔融焓和结晶焓降低。

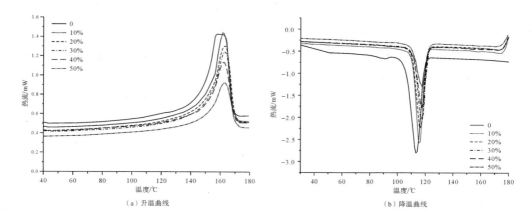

（a）升温曲线 　　　　　　　　　　　　（b）降温曲线

图 6.7　不同竹纤维含量的 BF/PP 的 DSC 分析

**表 6.8　不同竹纤维含量的 BF/PP 的 DSC 熔融参数**

| 竹纤维含量 /% | 熔融温度（$T_m$） /℃ | 结晶温度（$T_c$） /℃ | 熔融焓（$\Delta H_m$） /(J·g$^{-1}$) | 结晶焓（$\Delta H_c$） /(J·g$^{-1}$) | 结晶度（$X_c$） /% |
|---|---|---|---|---|---|
| 0 | 162.6 | 109.4 | 81.20 | 94.23 | 45.5 |
| 10 | 161.9 | 115.8 | 65.38 | 80.16 | 43.0 |
| 20 | 163.1 | 116.3 | 66.93 | 74.89 | 45.2 |
| 30 | 162.9 | 117.3 | 52.17 | 68.05 | 47.0 |
| 40 | 162.4 | 117.5 | 47.40 | 57.14 | 46.0 |
| 50 | 162.8 | 117.5 | 36.60 | 44.68 | 43.2 |

注:完全结晶聚丙烯的熔融焓是 207J/g。

# 6.4　总　　结

采用热模压成型和注塑成型两种加工方式制备了竹塑复合材料,探究了相关成型

工艺参数对 BF/PP 力学性能的影响;随后探讨了竹纤维含量对 BF/PP 性能的影响,得出了以下主要结论:

(1)热模压成型正交试验结果表明,影响 BF/PP 弯曲和拉伸性能的主要因素为单位压力和热压温度,而热压时间对材料的力学性能的影响较小。因此,从产品成本和性能两方面综合考虑,确定最佳热压工艺参数为单位压力 3MPa,热压温度 190℃,热压时间 5min。

(2)注塑成型正交试验结果表明,保压时间对 BF/PP 的拉伸和弯曲性能影响较小,对 BF/PP 力学性能的影响起主导作用的是料筒温度和注塑压力。保持注塑压力为 4~5MPa、料筒温度为 195℃、保压时间为 10s 时制备的复合材料综合性能最佳。由于注塑成型的试样各项力学性能明显优于热模压成型,因此后续实验采取注塑成型的方式制备 BF/PP。

(3)竹纤维含量对 BF/PP 力学性能影响显著,当纤维添加量为 40% 时材料的力学性能最佳,其拉伸强度达到 27.94MPa,弯曲强度高达 45.77 MPa,较纯聚丙烯的强度分别提高了 19.1% 和 49.0%,而拉伸模量和弯曲模量则更是提高了 88.30% 和 175.8%。

(4)从拉伸断面形貌观察到,竹纤维在聚丙烯基体中分散较为均匀,当纤维添加量达到 40% 时开始出现团聚现象。当竹纤维含量为 20% ~ 30% 时,纤维与基体结合紧密,均处在基体的包裹中,两相界面模糊,界面相容性理想。

(5)BF/PP 的吸水性随纤维含量的增大而增强,吸水饱和时间也随纤维含量的增加而增长。

(6)热重分析表明,竹纤维的加入降低了材料的热稳定性,使材料在较低的温度下开始分解,BF/PP 的残炭率随着纤维含量的增加而增大。

(7)DSC 分析结果表明,竹纤维在聚丙烯中有异相成核作用,加入竹纤维后,材料的结晶温度上升明显,熔融温度变化不大,熔融焓和结晶焓均随纤维含量的增大而增大。

# 7 原料特性对竹颗粒增强PVC基复合材料性能的影响

竹颗粒等生物质含有大量的水分,且生物质原料呈现较显著的各向异性,因此,利用毛竹屑制备复合材料时,需要对毛竹进行粉碎烘干。此外,竹颗粒的粒度对其在PVC基体中的分散均匀性影响显著,因此,有必要对竹颗粒进行预处理,即进行粒度筛选、含水率调控,同时对竹颗粒组分的含量进行选择。

本章采用热模压成型工艺制备竹塑复合板材,通过对竹颗粒含水率、竹颗粒与PVC的配比以及竹颗粒粒度的研究,确定较佳的原料特性参数,为竹颗粒增强PVC基复合材料的进一步研究提供依据。

## 7.1 材料与方法

### 7.1.1 试验材料

竹屑来源于杭州市临安区竹材加工厂,通过锤片粉碎机粉碎并筛选出20目、40目、60目三种粒度规格。基体树脂PVC牌号为M-1000,由上海氯碱化工股份有限公司生产。

### 7.1.2 试验方法

1.原料处理及竹颗粒增强PVC基复合材料制备

采用闭模热模压成型技术制备竹颗粒增强PVC基复合材料,模具由实验室自主设计,制备的竹颗粒增强PVC基复合材料尺寸为152mm×152mm×$h$ mm($h$代表竹颗粒增强PVC基复合材料的厚度)。热模压工艺初步选择温度为175℃,预热3min,

选择 6MPa 压力,保压 5min。采用正交试验法对复合材料的含水率、竹颗粒和 PVC 的配比及竹颗粒粒度进行优化,进而研究这三种因素对竹颗粒增强 PVC 复合材料性能的影响。通过前期的预实验发现,竹颗粒的水分含量不能高于 10%,否则制品容易开裂。因此,竹颗粒水分含量水平设定为 3%、5% 和 8%;竹颗粒的粒度为 20 目、40 目和 60 目(即粗、中、细三种粒度);竹颗粒和 PVC 基体的质量比选择三个水平,即 70∶30、60∶40 和 50∶50。本实验的因素及水平如表 7.1 所示。取适量不同粒度的竹颗粒进行干燥(即调节含水率),然后按照预定铺装时的用量分别对竹颗粒和 PVC 进行计量,将干燥好的竹颗粒和 PVC 按既定配比放置于容盘中进行混合,采取手工铺装,板材规格为 152mm × 152mm × 6mm,目标密度设定为 1.0g/cm³。将竹颗粒与 PVC 充分混合,放入模具并铺装均匀,通过 GT-7014-A50C 型水冷式电动加硫成型机压制成型。试验过程中,每一项处理重复进行 3 次,取平均值。

**表 7.1　正交试验因素及水平**

| 水平 | 含水率/% | 配比(竹颗粒∶PVC) | 竹颗粒粒度/目 |
| --- | --- | --- | --- |
| 1 | 3 | 70∶30 | 20 |
| 2 | 5 | 60∶40 | 40 |
| 3 | 8 | 50∶50 | 60 |

2. 竹颗粒增强 PVC 基复合材料性能表征

在 CMT4503 型万能材料试验机上测试竹颗粒增强 PVC 基复合材料的力学性能。材料的拉伸试验、弯曲试验分别根据 ASTM D638 和 ASTM D790 标准制样并测试,其中,拉伸强度参照 ASTM D638-01,设定拉伸速率为 10mm/min。参照 ASTM D790 标准,采用三点弯曲对复合材料的弯曲性能进行测量,探头的压缩速率为 10mm/min。

吸水率和厚度膨胀率分别参照 ASTM D570-98 和 ASTM D618-99 标准进行测试。样品在室温下浸泡在水中 2h,从水中取出后静置 20min,通过测定质量和厚度的增加率分别对吸水率和厚度膨胀率进行表征。

材料断面形态观测在 SIRION-100 场发射扫描电子显微镜(新西兰 FEI 公司生产)上进行,将竹颗粒增强 PVC 基复合材料的冲击断面采样后镀上金膜以备试验。

## 7.2　结果与分析

### 7.2.1　原料特性对复合材料吸水性能的影响

表 7.2 反映了复合材料吸水率和厚度膨胀率随原料特性的变化。竹颗粒增强 PVC 基复合材料的含水率和竹颗粒的含量有直接的相关关系,在竹颗粒含水率为 3% 和 8% 时,随着竹颗粒含量的增加,复合材料的吸水率和厚度膨胀率逐渐增加,这是因为竹颗粒的吸水性优于 PVC,而这两种原料特性的差异使得两者的相容性需要改善。复合材料中的孔隙、空腔和氢键的存在,使得复合材料具有一定的吸水特性,同时,复合材料加工中产生的界面裂纹等也会吸收一定的水分。在竹颗粒增强 PVC 基复合材料中,竹颗粒所呈现的吸水特性与木塑复合材料中的木粉类似。因此,复合材料吸水性是由竹颗粒与 PVC 基体的相容性、竹颗粒中的纤维素和半纤维素的吸水性,以及纤维素本身的无定形态组分决定的。当竹颗粒的含水率为 5% 时,随着竹颗粒含量的增加,复合材料的吸水率和厚度膨胀率先减少后增加,该现象和后文拉伸强度等的规律异常一起出现,我们做了重复试验,结果接近。我们认为竹颗粒含水率为 3% 时,混合物料的含水率较低,两者热压复合效果较好。竹颗粒含水率为 8% 时,两者复合热模压时复合材料中极易产生气泡,复合效果较差,因此复合材料的特性更多的呈现物料各自的特性规律。当竹颗粒含水率为 5% 时,一方面,热压过程中会出现部分气泡;另一方面,局部产生了较好的复合,但是复合效果不够稳定,材料性能波动较大。

表 7.2　复合材料吸水性能分析

| 复合材料样条 | 吸水率/% | 厚度膨胀率/% |
| --- | --- | --- |
| C　竹颗粒 70 PVC30 a | 52.45 | 31.60 |
| M　竹颗粒 60 PVC40 a | 26.30 | 11.95 |
| F　竹颗粒 50 PVC50 a | 13.95 | 7.75 |
| F　竹颗粒 60 PVC40 b | 18.80 | 8.50 |
| C　竹颗粒 50 PVC50 b | 22.30 | 12.90 |
| M　竹颗粒 70 PVC30 b | 27.55 | 13.85 |

续表

| 复合材料样条 | 吸水率/% | 厚度膨胀率/% |
|---|---|---|
| M　竹颗粒 50 PVC50 c | 10.55 | 5.40 |
| F　竹颗粒 70 PVC30 c | 51.45 | 21.95 |
| C　竹颗粒 60 PVC40 c | 37.95 | 22.30 |

注:C 代表粗颗粒,M 代表中颗粒,F 代表细颗粒;a 代表竹颗粒的含水率为 3%,b 代表竹颗粒的含水率为 5%,c 代表竹颗粒的含水率为 8%。

竹颗粒含水率为 3% 和 8% 时,复合材料的厚度膨胀率随着竹颗粒的增加总体上呈现逐渐增加的趋势。复合材料的厚度膨胀率变化范围在 5.40% 与 31.60% 之间。

## 7.2.2　原料特性对复合材料力学性能的影响

由表 7.3 可见,竹颗粒含水率为 3% 和 8% 时,复合材料的拉伸强度随着竹颗粒的减少而增加。当竹颗粒含水率为 8%,含量为 70% 时,复合材料的拉伸强度为 1.53MPa;当竹颗粒含水率为 8%,含量为 50% 时,复合材料的拉伸强度为 7.50MPa。这是因为 PVC 基体的拉伸强度优于不定向铺装竹颗粒。

表 7.3　复合材料拉伸性能和弯曲性能分析

| 复合材料样条 | 拉伸强度/MPa | 弹性模量/GPa | 静曲强度/MPa |
|---|---|---|---|
| C　竹颗粒 70 PVC30 a | 2.48 | 0.38 | 8.29 |
| M　竹颗粒 60 PVC40 a | 4.18 | 0.94 | 14.52 |
| F　竹颗粒 50 PVC50 a | 5.55 | 0.90 | 17.18 |
| F　竹颗粒 60 PVC40 b | 4.96 | 1.04 | 14.48 |
| C　竹颗粒 50 PVC50 b | 3.13 | 0.39 | 9.31 |
| M　竹颗粒 70 PVC30 b | 4.79 | 0.82 | 14.16 |
| M　竹颗粒 50 PVC50 c | 7.50 | 1.26 | 20.27 |
| F　竹颗粒 70 PVC30 c | 1.53 | 0.39 | 3.65 |
| C　竹颗粒 60 PVC40 c | 3.65 | 0.46 | 9.39 |

注:C 代表粗颗粒,M 代表中颗粒,F 代表细颗粒;a 代表竹颗粒的含水率为 3%,b 代表竹颗粒的含水率为 5%,c 代表竹颗粒的含水率为 8%。

由图 7.1 可见,复合材料内结合强度与毛竹颗粒的含水率并无明显的相关关系,但竹颗粒的粒度对复合材料拉伸性能的影响显著。表 7.3 表明,当竹颗粒的粒度为 40 目时,复合材料的拉伸强度达到极大值。因此,较佳的竹颗粒粒度为 40 目,当复合材料中中等粒度的竹颗粒含量为 50% 时,复合材料的拉伸强度达到最佳。

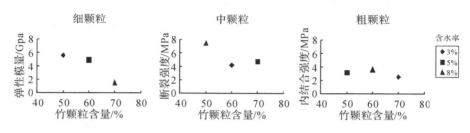

图 7.1　复合材料拉伸性能随原料特性的变化

复合材料的弯曲强度通常用弹性模量和静曲强度来评价。由表 7.3 可见,复合材料的弹性模量在 0.38GPa(竹颗粒含量为 70%)到 1.26 GPa(竹颗粒含量为 50%)范围内变化。当竹颗粒含水率为 3% 和 8% 时,随着竹颗粒含量的增加,复合材料的弹性模量总体上逐渐减小。复合材料的静曲强度在 3.65MPa(竹颗粒含量为 70%)到 20.27MPa(竹颗粒含量为 50%)范围内变化。当竹颗粒含水率为 3% 和 8% 时,随着竹颗粒含量的增加,复合材料的静曲强度呈现降低的趋势,这是由于不定向铺装的竹颗粒的静曲强度小于 PVC 基体。

由以上研究我们猜测,PVC 含量的提高有利于改善竹颗粒增强 PVC 复合材料的尺寸稳定性,这是由竹颗粒的孔隙和成分、复合材料的界面及加工工艺决定的。同时,由于竹颗粒表面有较多的极性基团如羟基等,促进了复合材料的吸水溶胀。最佳竹颗粒大小为 40 目,该参数的选择和 PVC 基体的粒度有直接的相关关系。当竹颗粒的含水率为 3% 时,复合材料的性能较佳,这是由于热模压工艺对原料的要求较高,竹颗粒等组分的含水率若较高,加工过程中易产生气泡,影响复合材料成型。

# 7.3　总　　结

本章以竹颗粒和聚氯乙烯基体为原料,采用热模压工艺制备了复合材料,并对复合材料性能与原料特性的关系进行研究,结果发现:

（1）当竹颗粒含水率为 3％和 8％时，竹颗粒的含水率对复合材料的力学性能和吸水性影响不显著，竹颗粒的粒度及各组分的比例对复合材料性能影响显著。

（2）采用竹颗粒和 PVC 制备复合材料较佳的原料参数为竹颗粒含水率 3％、粒度 40 目，竹颗粒和 PVC 基体间的质量比 50∶50。

# 8 竹颗粒增强 PVC 基复合材料 热模压工艺参数研究

成型工艺是制备竹塑复合材料的关键问题。国内外学者在热模压工艺制备天然纤维/树脂复合材料方面进行了大量研究。国内有些学者在采用热模压工艺制备秸秆/塑料复合材料方面进行了研究(郭文静等,2006;王正等,2007;许民等,2006;许民等,2007)。国外一些学者采用热模压工艺制备了麻纤维/塑料复合材料。日本同志社大学研究人员 Shito 等(2002)和 Fujii 等(2004)以竹纤维为增强体,采用热模压工艺制备了聚丙烯基复合材料和聚乳酸基复合材料。但关于竹颗粒/PVC 复合材料成型工艺的研究还较少。

本试验研究热模压时间和温度对竹颗粒增强 PVC 基复合材料性能的影响,重点考察不同模压温度对竹颗粒增强 PVC 基复合材料物理力学性能、热特性及微观形态的影响,为竹颗粒增强 PVC 基复合材料的制备及热模压工艺优化提供理论依据。

## 8.1 材料与方法

### 8.1.1 试验材料

竹屑来自杭州市临安区竹材加工厂。将其粉碎成直径为 $300\mu m$ 左右的竹颗粒,并烘至含水率小于 $3\%$,放入干燥皿备用。基体树脂 PVC 牌号为 M-1000,由上海氯碱化工股份有限公司生产。

### 8.1.2 试验方法

1.竹颗粒增强 PVC 基复合材料制备

竹颗粒增强 PVC 基复合材料制备工艺路线为:原料预处理→混料→铺装→预热处理→热模压成型。竹颗粒和 PVC 按质量比 50∶50 混合。通过前期预试验,设定竹颗粒增强 PVC 基复合材料目标密度为 1.0g/cm³,热模压压力为 10MPa,热模压温度为 175℃。设定热模压时间为 5~11min,热模压温度为 165~190℃,分别制备未经预热与经预热处理的竹颗粒增强 PVC 基复合材料,并测定物理力学性能。竹颗粒增强 PVC 基复合材料热压模具由实验室自主设计。每一项处理重复 4 次,取平均值。

2.竹颗粒增强 PVC 基复合材料性能表征

采用深圳新三思公司生产的 CMT4503 型万能材料试验机测试竹颗粒增强 PVC 基复合材料的力学性能。材料的拉伸强度试验、弯曲强度试验分别根据 ASTM D637 和 ASTM D790 标准制样并测试。竹颗粒增强 PVC 基复合材料耐水性参照 ASTM D570标准测试 2h 吸水率和 2h 厚度膨胀率。

采用德国耐驰公司的 DSC 200 F3 型差示扫描量热仪测定原料和竹颗粒增强 PVC 基复合材料的热特性,升温速率为 15℃/min,试验过程中采用氮气气氛。

对竹颗粒增强 PVC 基复合材料的表面切片和冲击断面采样后镀上金膜,在新西兰 FEI 公司生产的 SIRION-100 场发射扫描电子显微镜上观测其微观结构。

## 8.2 结果与分析

### 8.2.1 是否预热处理与热模压时间对竹颗粒增强 PVC 基复合材料物理力学性能的影响

分别考察采用 A(预热处理,热模压 5 min)、B(未预热处理,热模压 5min)、C(预热处理,热模压 8min)、D(未预热处理,热模压 8min)、E(预热处理,热模压 11min)、F(未预热处理,热模压 11min)工艺制备的竹颗粒增强 PVC 基复合材料的物理力学性能,结果如表 8.1 所示。

表 8.1　是否预热处理与热模压时间对竹颗粒增强 PVC 基复合材料物理力学性能的影响

| 制备工艺 | 内结合强度/MPa | 静曲强度/MPa | 弹性模量/MPa | 2h 吸水率/% | 2h 厚度膨胀率/% |
|---|---|---|---|---|---|
| A | 0.80 | 11.20 | 1124.6 | 16.0 | 17.8 |
| B | 0.34 | 7.80 | 674.8 | 23.8 | 30.5 |
| C | 1.45 | 14.60 | 1920.1 | 15.3 | 17.4 |
| D | 0.72 | 14.20 | 1863.8 | 21.4 | 25.9 |
| E | 1.56 | 15.50 | 2086.4 | 14.5 | 16.6 |
| F | 1.29 | 15.10 | 2044.4 | 15.7 | 23.0 |

由表 8.1 可知,采用预热处理制备的竹颗粒增强 PVC 基复合材料物理力学性能优于未预热处理。这是因为预热处理使基体 PVC 流动性增强,提高了 PVC 对竹颗粒的浸润程度,竹颗粒在 PVC 中的分布较未预热处理的竹颗粒增强 PVC 基复合材料更为均匀。

采用预热处理,随着热模压时间的增加,竹颗粒增强 PVC 基复合材料的力学性能提高,2h 吸水率和 2h 厚度膨胀率降低。未预热处理的竹颗粒增强 PVC 基复合材料的物理力学性能呈现相同的变化规律。这是因为相同预热条件下,热模压时间越长,PVC 对竹颗粒的浸润越充分。预热处理、热模压 11min 的竹颗粒增强 PVC 基复合材料的物理力学性能最佳;预热处理、热模压 8min 的竹颗粒增强 PVC 基复合材料的物理力学性能略低于预热处理、热模压 11min 的复合材料物理力学性能。由于热模压时间延长将增加能耗,因此以下研究中采用预热处理、热模压 8min 制备竹颗粒增强 PVC 基复合材料。

## 8.2.2　热模压温度对竹颗粒增强 PVC 基复合材料物理力学性能的影响

分别考察经预热处理后,热模压温度在 165℃、170℃、175℃、180℃、185 ℃、190℃下,热模压时间为 8min 的竹颗粒增强 PVC 基复合材料的物理力学性能,结果如表 8.2 所示。

**表 8.2　热模压温度对竹颗粒增强 PVC 基复合材料物理力学性能的影响**

| 热模压温度/℃ | 拉伸强度/MPa | 静曲强度/MPa | 弹性模量/MPa | 内结合强度/MPa | 2h 吸水率/% | 2h 厚度膨胀率/% |
|---|---|---|---|---|---|---|
| 165 | 2.55 | 10.4 | 1425.3 | 1.32 | 40.7 | 36.0 |
| 170 | 3.14 | 12.9 | 1560.3 | 1.50 | 17.5 | 18.6 |
| 175 | 3.26 | 14.6 | 1920.1 | 1.45 | 15.3 | 17.4 |
| 180 | 4.72 | 20.9 | 2129.5 | 2.31 | 11.3 | 16.6 |
| 185 | 4.32 | 19.2 | 1774.1 | 1.98 | 9.2 | 12.4 |
| 190 | 4.13 | 17.9 | 1674.0 | 1.86 | 8.9 | 11.8 |

由表 8.2 可知,随着热模压温度的增加,竹颗粒增强 PVC 基复合材料的拉伸强度、静曲强度、弹性模量、内结合强度总体呈现先增大后减小的趋势,热模压温度为 180℃时,上述各指标均达到最大。这是因为热模压温度过低,少量大分子量 PVC 未软化,PVC 的流动性较弱,对竹颗粒的浸润不彻底,竹颗粒增强 PVC 基复合材料中 PVC 与竹颗粒存在分离相,影响了竹颗粒增强 PVC 基复合材料的力学性能。温度过高,基体 PVC 软化和聚合速率加快,软化的 PVC 还未浸润竹颗粒即已聚合,影响了 PVC 对竹颗粒的浸润,因而使得竹颗粒增强 PVC 基复合材料的力学性能降低。

随着热模压温度的增加,竹颗粒增强 PVC 基复合材料 2h 吸水率和 2h 厚度膨胀率逐渐减小。当热模压温度大于 180℃时,随着温度的增加,竹颗粒增强 PVC 基复合材料的 2h 吸水率和 2h 厚度膨胀率略有减小。这是因为热模压温度过低,少量大分子量 PVC 未软化,竹颗粒增强 PVC 基复合材料中 PVC 与竹颗粒存在分离相,水分子容易进入,导致竹颗粒增强 PVC 基复合材料的吸水率和厚度膨胀率较高。

## 8.2.3　热模压温度对竹颗粒增强 PVC 基复合材料热特性的影响

竹颗粒中木质素含量为 $23.8\% \sim 26.1\%$(Higuchi,1957),竹颗粒的 DSC 曲线峰值温度为 $193 \sim 195℃$,PVC 的 DSC 曲线峰值为 $153 \sim 177℃$。采用 DSC 仪对不同热模压温度下制备的竹颗粒增强 PVC 基复合材料的热特性进行分析,结果如图 8.1 所示。

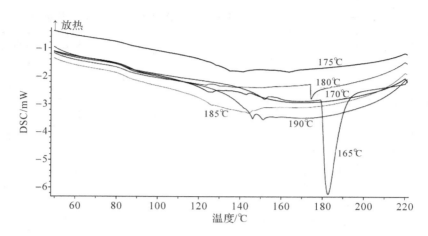

图 8.1　不同热模压温度下制备的竹颗粒增强 PVC 基复合材料的热特性

热模压温度为 165℃时制备的竹颗粒增强 PVC 基复合材料的 DSC 曲线在 155℃和 185℃附近分别出现峰值。用竹颗粒与 PVC 混合制备的竹颗粒增强 PVC 基复合材料存在相分离。170℃、175℃、185℃、190℃时,竹颗粒增强 PVC 基复合材料的 DSC 曲线在 155℃附近具有不规则峰值,说明竹颗粒与 PVC 相容性提高,但两者并未完全相容。竹颗粒中木质素的玻璃化温度在 155℃左右,180℃时复合材料的 DSC 曲线显示一个峰值,且该峰介于竹颗粒和 PVC 的峰值之间,竹颗粒与 PVC 完全相容。因此,热模压温度 180℃时制备的竹颗粒增强 PVC 基复合材料的力学性能最佳。

## 8.2.4　竹颗粒增强 PVC 基复合材料的微观形态

图 8.2 为经预热处理,在热模压温度为 180℃,热模压时间为 8min 的工艺条件下制备的竹颗粒增强 PVC 基复合材料的切片平面和冲击断面微观形态。

由图 8.2(a)可见,竹颗粒在 PVC 基体中的分布较为均匀,竹颗粒与 PVC 的相容性较好,因而采用该工艺生产的竹颗粒增强 PVC 基复合材料的物理力学性能较优。由图 8.2(b)可见,竹颗粒增强 PVC 基复合材料冲击过程中部分竹颗粒从基体 PVC 中拔出,表明竹颗粒与 PVC 有较好的相容性。

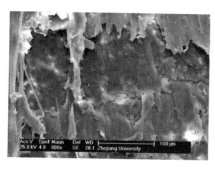 

（a）平面切片　　　　　　　　　　　　　（b）冲击断面

图 8.2　热模压工艺制备的竹颗粒增强 PVC 基复合材料的微观形态

# 8.3　总　　结

设定热模压时间为 5～11min,热模压温度为 165～190℃,分别制备未经预热与经预热处理的竹颗粒增强 PVC 基复合材料,并测定物理力学性能,获得如下结果:

（1）经预热处理制备的竹颗粒/PVC 基复合材料力学性能优于未预热处理。

（2）经预热处理,热模压时间为 8min,热模压温度为 165～190℃时,随着温度的升高,竹颗粒增强 PVC 基复合材料的力学性能先增强后减弱,2h 吸水率和 2h 厚度膨胀率逐渐降低,最佳热模压温度为 180℃。

（3）热模压温度对竹颗粒和 PVC 的相容性影响显著,热模压温度为 180℃时两者呈现较好的相容性。预热处理、热模压温度 180℃、热模压 8min 的竹颗粒增强 PVC 基复合材料,其竹颗粒在 PVC 基体中的分布较为均匀,界面相容性较好。

# 9 竹颗粒表面化学处理及其增强 PVC 基复合材料性能表征

由于天然纤维的亲水性和基体树脂的疏水性,纤维与基体的相容性是天然纤维增强树脂基复合材料研究中的关键问题。碱处理法由于能去除果胶、木质素和半纤维素等低分子杂质,同时能使植物纤维表面变得粗糙,增强树脂对纤维的浸润,因而得到了广泛的应用。然而,现有文献中天然纤维含量多在 50% 以下,关于采用碱处理法处理天然纤维制备高增强体含量的复合材料的研究不多,关于不同碱溶液对天然纤维的改性效果及作用规律的研究还未见报道,关于碱改性对复合材料力学特性和耐水性的作用规律的研究不够深入。

我们分别采用 NaOH 和 $Na_2SiO_3$ 两种碱溶液对竹颗粒表面进行处理,并与用弱酸性的 $NaHSO_3$ 溶液对竹颗粒的处理效果进行对比。用以上三种溶液进行处理,分别制备了竹颗粒增强 PVC 基复合材料,研究不同处理方式对竹颗粒增强 PVC 基复合材料的力学性能、耐水性能的影响,通过 DSC 仪对竹颗粒增强 PVC 基复合材料各相的相容性进行分析,采用扫描电子显微镜对经不同处理方式处理的竹颗粒增强 PVC 基复合材料的纤维结构进行观察,比较不同处理方式对竹颗粒与 PVC 界面相容性的改善效果,为天然纤维的碱改性处理提供理论依据和技术措施。

## 9.1 材料与试验

### 9.1.1 试验材料

竹屑来源于杭州市临安区竹材加工厂。通过锤片粉碎机将其粉碎成直径为 200～400μm 的竹颗粒。基体树脂为 PVC,牌号为 M-1000,由上海氯碱化工股份有限公司生产。NaOH 纯度大于 96%,由杭州化学试剂有限公司生产。$Na_2SiO_3$ 来自如皋市金陵试剂厂生产的 $Na_2SiO_3 \cdot 9H_2O$。$NaHSO_3$ 由上海试四赫维化工有限公司生产。

## 9.1.2  竹颗粒表面处理

竹颗粒的表面处理过程如下:在 20℃ 标准大气压下将粉碎后的竹颗粒浸入预先配制好的不同浓度(分别为 0.5%、1%、2%、5%、10%)的处理液中,竹颗粒与处理溶液的质量比为 1:3,搅拌均匀以保证竹颗粒表面与处理液充分接触。浸泡 15min 后,将竹颗粒从处理液中取出,然后放入鼓风干燥箱中,在 75℃ 下连续烘干至质量不发生变化,放入密闭容器中备用。

## 9.1.3  仪器设备与试验方法

采用闭模热模压成型技术制备竹颗粒增强 PVC 基复合材料,模具由实验室自主设计,制备的竹颗粒增强 PVC 基复合材料尺寸为 152mm×152mm×$h$ mm($h$ 代表竹颗粒增强 PVC 基复合材料的厚度)。将处理后的竹颗粒与 PVC 按照质量比 7:3 充分混合,放入模具并铺装均匀,通过 GT-7014-A50C 水冷式电动加硫成型机压制成型。在前期预试验基础上,对成型工艺进行优化,最终确定预热温度为 170℃,预热时间为 3min,成型温度为 180℃,成型压力为 10MPa,保压时间为 5min。试验过程中,每一项处理重复进行 3 次,取平均值。

在 CMT4503 型万能材料试验机上测试竹颗粒增强 PVC 基复合材料的力学性能。材料的拉伸试验、弯曲试验分别根据 ASTM D638 和 ASTM D790 标准制样并测试。耐水性参照 ASTM D570 标准分别测试 2h 和 24h 吸水率和厚度膨胀率。

应用德国耐驰公司生产的 DSC 200 F3 型差示扫描量热仪测定原料和竹颗粒增强 PVC 基复合材料的热特性,升温速率为 15℃/min,试验过程中采用氮气气氛。使用上海大普仪器公司生产的 PHS-4CT 型精密酸度计测量处理液 pH 值,仪器精度为 0.001。

材料断面形态观测在 SIRION-100 场发射扫描电子显微镜上进行,对竹颗粒增强 PVC 基复合材料的冲击断面采样后镀上金膜以备试验。

应用 Origin 软件处理分析试验数据。

## 9.2 结果与讨论

### 9.2.1 竹颗粒增强 PVC 基复合材料的力学性能

分别采用经表面处理和未经处理的竹颗粒制备竹颗粒增强 PVC 基复合材料,并测试其拉伸强度、弹性模量和静曲强度,结果如图 9.1 至图 9.3 所示。经 NaOH、$Na_2SiO_3$ 和 $NaHSO_3$ 三种溶液改性的竹颗粒增强 PVC 基复合材料,其拉伸强度、弹性模量和静曲强度总体呈现先增大后减小的趋势。

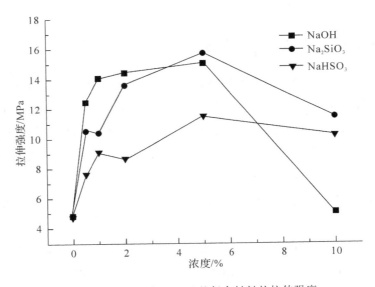

图 9.1 竹颗粒增强 PVC 基复合材料的拉伸强度

(1)分别采用不同浓度的 NaOH、$Na_2SiO_3$ 和 $NaHSO_3$ 三种溶液处理竹颗粒,结果发现当处理液浓度为 5% 时,竹颗粒增强 PVC 基复合材料的拉伸强度均达到最大值。其中,采用 5% 的 $Na_2SiO_3$ 溶液处理的竹颗粒增强 PVC 基复合材料拉伸强度改善效果最为显著,竹颗粒增强 PVC 基复合材料的拉伸强度提高到 15.72MPa。其次为采用 5% 的 NaOH 溶液处理的竹颗粒制备的竹颗粒增强 PVC 基复合材料,其拉伸强度达到 14.43MPa。采用 5% 的 $NaHSO_3$ 溶液处理的竹颗粒制备的竹颗粒增强 PVC 基复合材料的拉伸强度增幅最小,约提高 1.5 倍。

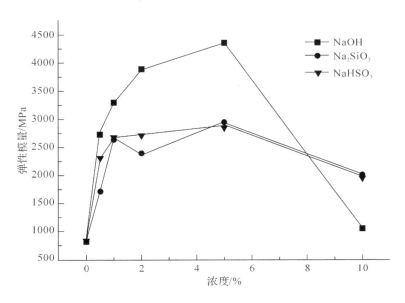

图 9.2　竹颗粒增强 PVC 基复合材料的弹性模量

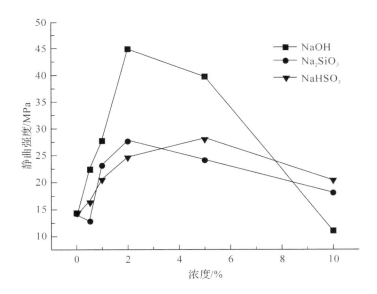

图 9.3　竹颗粒增强 PVC 基复合材料的静曲强度

　　试验发现,竹颗粒经过浓度较低的 NaOH 溶液处理可对竹颗粒增强 PVC 基复合材料性能产生较大的影响。当浓度达到 1% 后,继续增大 NaOH 的浓度,拉伸强度略有增大;当浓度大于5％后,随着 NaOH 浓度的增加,竹颗粒增强 PVC 基复合材料的拉伸强度显著降低。采用 $Na_2SiO_3$ 溶液处理时,当溶液浓度小于5％时,竹颗粒增强 PVC 基复合材料拉伸强度的总体趋势是增大的。采用浓度小于5％的 $NaHSO_3$ 溶液处理后,竹颗粒增强 PVC 基复合材料的拉伸强度随着处理液浓度的增加,总体呈增大趋势。

(2)用浓度为5％的 NaOH、$Na_2SiO_3$ 和 $NaHSO_3$ 三种溶液处理后的竹颗粒制备的竹颗粒增强 PVC 基复合材料的弹性模量均达到最大。其中,用5％的 NaOH 溶液处理后的竹颗粒制备的竹颗粒增强 PVC 基复合材料弹性模量改善效果最为显著,约增加了4倍。用浓度为5％ $Na_2SiO_3$ 和 $NaHSO_3$ 溶液处理后的竹颗粒制备的竹颗粒增强 PVC 基复合材料弹性模量变化不大。

(3)通过对竹颗粒增强 PVC 基复合材料的静曲强度的比较,发现竹颗粒采用 NaOH 溶液处理的最佳 NaOH 浓度为2％,得到的竹颗粒增强 PVC 基复合材料的静曲强度比未处理的竹颗粒增强 PVC 基复合材料的静曲强度约增加了2倍。当处理液浓度继续增大时,竹颗粒增强 PVC 基复合材料的静曲强度显著减小,且经10％的 NaOH 溶液处理后的竹颗粒增强 PVC 基复合材料静曲强度小于未处理的静曲强度。竹颗粒经 $Na_2SiO_3$ 溶液处理后,制备的竹颗粒增强 PVC 基复合材料静曲强度增幅小于 NaOH 溶液处理后的增幅,且 $Na_2SiO_3$ 溶液处理的最佳浓度为2％,随着 $Na_2SiO_3$ 溶液浓度的继续增加,竹颗粒增强 PVC 基复合材料静曲强度降低。经0.5％的 $Na_2SiO_3$ 处理后,竹颗粒增强 PVC 基复合材料静曲强度小于未处理的静曲强度。通过对经 $NaHSO_3$ 处理的竹颗粒制备的竹颗粒增强 PVC 基复合材料静曲强度的比较发现,$NaHSO_3$ 溶液处理的最佳浓度为5％,该浓度下竹颗粒增强 PVC 基复合材料静曲强度的最大值与2％的 $Na_2SiO_3$ 溶液处理的效果相当。且当 $NaHSO_3$ 浓度小于5％时,随着处理液浓度的增加,竹颗粒增强 PVC 基复合材料静曲强度增大;当处理液浓度达到5％后,随着 $NaHSO_3$ 浓度的增加,竹颗粒增强 PVC 基复合材料静曲强度降低。

通过比较竹颗粒增强 PVC 基复合材料的力学性能可以发现,不同种类处理液及其浓度与处理效果存在相关性。

## 9.2.2　竹颗粒处理液酸碱度对处理效果的影响

为了考察竹颗粒处理液酸碱度对处理效果的影响,对不同浓度的三种处理液的 pH 值进行比较,如表 9.1 所示。

表 9.1　不同浓度处理液对应的 pH 值

| 处理液浓度/% | 溶液的 pH 值 | | |
|---|---|---|---|
| | NaOH | $Na_2SiO_3$ | $NaHSO_3$ |
| 0.5 | 13.15 | 12.46 | 4.01 |
| 1 | 13.30 | 12.70 | 3.97 |
| 2 | 13.51 | 12.97 | 3.95 |
| 5 | 13.57 | 13.35 | 3.93 |
| 10 | 13.83 | 13.61 | 3.90 |

结合上文的分析和表 9.1 可知,NaOH 溶液处理竹颗粒的最佳 pH 值在 13.5 左右,而 $Na_2SiO_3$ 溶液处理竹颗粒的最佳 pH 值在 13.3 左右,因此,使用碱溶液对竹颗粒进行处理的最佳 pH 值为 13.3～13.5。而 $NaHSO_3$ 溶液作为具有氧化性的弱酸,其处理效果明显弱于碱溶液 NaOH 和 $Na_2SiO_3$。

(1)强碱性溶液如 NaOH 和 $Na_2SiO_3$ 溶液等能溶解竹颗粒中的部分果胶、木质素和半纤维素等低分子杂质,且在不改变主体纤维素的化学结构的条件下能使微纤旋转角减小,分子取向提高,从而提高微纤的断裂强度。而使用低浓度的 $NaHSO_3$ 溶液对竹颗粒进行处理时,主要除去的是影响竹颗粒力学性能的果胶等杂质,因而其处理效果相对于强碱溶液较差。

(2)以经 5% 的 NaOH、$Na_2SiO_3$ 和 $NaHSO_3$ 三种溶液处理的竹颗粒制备的竹颗粒增强 PVC 基复合材料为例。碱溶液处理时,发现经相同浓度的 NaOH 溶液处理后,竹颗粒增强 PVC 基复合材料的颜色呈深褐色,远深于 $Na_2SiO_3$ 溶液的处理结果,经 0.5%、1%、2% 和 5% $Na_2SiO_3$ 溶液处理后,材料颜色均较浅,竹颗粒基本保持原色。即使是 0.5% 的 NaOH 溶液处理的竹颗粒,其颜色也变化明显。由于 NaOH 可将竹颗粒中的半纤维素析出，因此，用 NaOH 溶液处理的竹颗粒制备的竹颗粒增强 PVC 基复合材料颜色加深可能是由半纤维素引起的，但经 $10\%$ Na$_2$SiO$_3$ 溶液处理后，材料颜色也加深。传统观点认为，碱溶液酸碱度是影响半纤维素析出的主要原因，但通过比较发现，即使用 pH 值较低的 NaOH 溶液处理的竹颗粒制备的竹颗粒增强 PVC 基复合材料，其颜色也较用 pH 值高的 Na$_2$SiO$_3$ 溶液处理的深，所以，对不同碱溶液与半纤维素的作用机理还有待进一步研究。

（3）同一处理液的 pH 值在 $13.3\sim13.5$ 时，制备的竹颗粒增强 PVC 基复合材料拉伸强度、弹性模量、静曲强度均达到该处理条件下的最大值。但相同 pH 值的 NaOH 和 Na$_2$SiO$_3$ 溶液处理的效果差异较大，$5\%$ Na$_2$SiO$_3$ 溶液处理后的拉伸强度优于 $5\%$ NaOH 溶液，而 $5\%$ NaOH 溶液处理后的弹性模量和静曲强度较高。这可能是因为拉伸强度与竹颗粒增强 PVC 基复合材料的纤维强度和纤维与基体树脂的结合力有关，而弹性模量和静曲强度与竹颗粒增强 PVC 基复合材料的纤维强度和纤维与基体树脂的结合力有关，但与拉伸强度并无对应关系。

（4）浓度为 $10\%$ 的各处理液对竹颗粒增强 PVC 基复合材料的处理效果明显劣于 $5\%$ 浓度的各处理液，且 NaOH 溶液的处理效果下降最为明显。这主要是因为碱溶液浓度较大时，纤维出现水解，且溶液碱性越强，水解越剧烈，因此使用碱溶液处理竹颗粒时要对溶液的浓度加以控制。

## 9.2.3　竹颗粒增强 PVC 基复合材料的耐水性能

采用经不同溶液处理和未处理的竹颗粒制备竹颗粒增强 PVC 基复合材料，并分别测试其 2h 和 24h 吸水率和厚度膨胀率，结果如图 9.4 至图 9.7 所示。

（1）用 NaOH 溶液处理竹颗粒后，复合材料的 2h 吸水率和 24h 吸水率变化趋势基本一致。随着 NaOH 溶液浓度的增加，都逐渐降低，且 NaOH 溶液浓度达到 $5\%$ 后，随着浓度的增加，竹颗粒增强 PVC 基复合材料的吸水率基本稳定。2h 和 24h 厚度膨胀率的变化趋势也基本一致，竹颗粒增强 PVC 基复合材料的 2h 和 24h 厚度膨胀率在 NaOH 溶液浓度为 $0.5\%$ 时最小。随着溶液浓度的增加，竹颗粒增强 PVC 基复合材料的 2h 和 24h 厚度膨胀率呈增大趋势。比较 NaOH、Na$_2$SiO$_3$ 和 NaHSO$_3$ 三种溶液处理后的吸水率，发现 NaOH 处理后的竹颗粒增强 PVC 基复合材料吸水率远低于其他两种溶液。

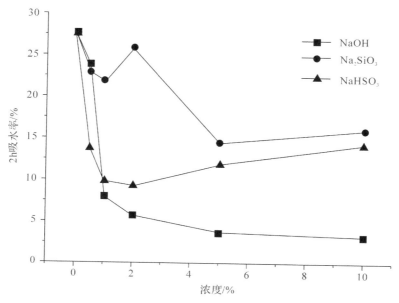

图 9.4 竹颗粒增强 PVC 复合材料的 2h 吸水率

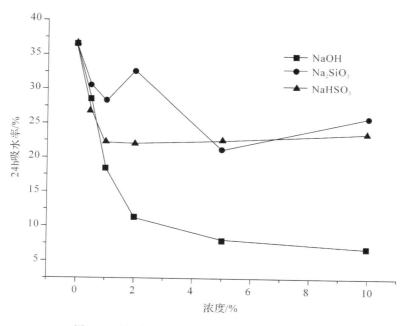

图 9.5 竹颗粒增强 PVC 复合材料的 24h 吸水率

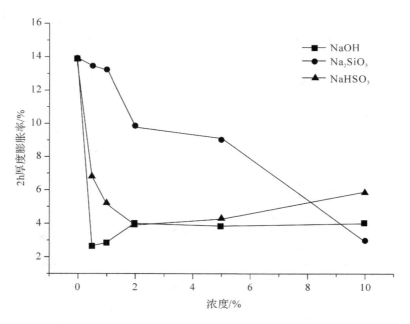

图 9.6　竹颗粒增强 PVC 复合材料的 2h 厚度膨胀率

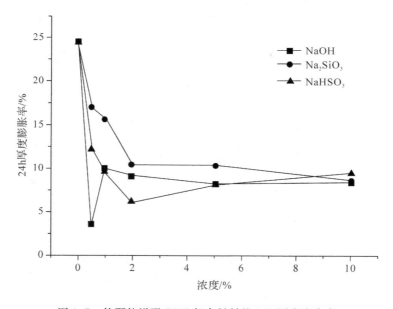

图 9.7　竹颗粒增强 PVC 复合材料的 24h 厚度膨胀率

（2）用 $Na_2SiO_3$ 溶液处理竹颗粒后，复合材料的 2h 和 24h 吸水率变化基本一致。随着溶液浓度的增加，竹颗粒增强 PVC 基复合材料的吸水率呈现波动。用 5% $Na_2SiO_3$ 溶液处理竹颗粒后，复合材料的 2h 和 24h 吸水率分别达到最小值，而用 2% $Na_2SiO_3$ 溶液处理竹颗粒后，复合材料的 2h 和 24h 吸水率分别达到最大值。2h 和 24h 厚度膨胀率的变化也基本一致，随着溶液浓度的增大，竹颗粒增强 PVC 基复合材料的厚度膨胀率逐渐减小，其中 2h 厚度膨胀率随 $Na_2SiO_3$ 浓度增大呈现的变化趋势较为明显，而当 $Na_2SiO_3$ 溶液浓度达到 2% 以后，竹颗粒增强 PVC 基复合材料的 24h 厚度膨胀率随着溶液浓度的增大略有变化。

（3）用 $NaHSO_3$ 溶液处理竹颗粒后，复合材料的 2h 和 24h 吸水率变化基本一致。随着溶液浓度的增加，竹颗粒增强 PVC 基复合材料的吸水率逐渐降低，当 $NaHSO_3$ 溶液浓度达到 2% 时，竹颗粒增强 PVC 基复合材料的 2h 和 24h 吸水率都达到最小值，随着 $NaHSO_3$ 溶液浓度的继续增加，竹颗粒增强 PVC 基复合材料的吸水率逐渐增大。2h 和 24h 厚度膨胀率的变化趋势也基本一致，随着溶液浓度的增大，竹颗粒增强 PVC 基复合材料的厚度膨胀率逐渐减小，当 $NaHSO_3$ 溶液浓度达到 2% 时，竹颗粒增强 PVC 基复合材料的 2h 和 24h 厚度膨胀率分别达到最小值，随着 $NaHSO_3$ 溶液浓度的继续增加，竹颗粒增强 PVC 基复合材料的厚度膨胀率逐渐增大。

（4）三种溶液中碱性最强的 NaOH 溶液，其浓度为 10% 时竹颗粒增强 PVC 基复合材料的吸水率最小；浓度为 0.5% 时，竹颗粒增强 PVC 基复合材料的厚度膨胀率最小。而用 $Na_2SiO_3$ 溶液处理竹颗粒后，复合材料的吸水率改善状况不佳，但用 10% $Na_2SiO_3$ 溶液处理竹颗粒后，复合材料的厚度膨胀率较小。用 $NaHSO_3$ 溶液处理竹颗粒后，复合材料的 2h 与 24h 吸水率和厚度膨胀率变化趋势一致，当 $NaHSO_3$ 浓度为 2% 时，竹颗粒增强 PVC 基复合材料的 2h 和 24h 吸水率与厚度膨胀率分别达到 $NaHSO_3$ 溶液处理下的最小值。

通过对竹颗粒增强 PVC 基复合材料耐水性的分析比较发现，竹颗粒的处理效果随着处理方式的不同而呈现较大的差异。影响竹颗粒增强 PVC 基复合材料吸水率和厚度膨胀率的原因是多方面的，包括半纤维素含量、纤维素含量、材料孔隙率和界面相容性等。

从图 9.4 至图 9.7 可见，经 NaOH、$Na_2SiO_3$ 和 $NaHSO_3$ 三种溶液处理竹颗粒后，复合材料的吸水率和厚度膨胀率明显比未处理的复合材料低。

### 9.2.4 竹颗粒增强 PVC 基复合材料的 DSC 特性

分别对处理和未处理的竹颗粒制备的竹颗粒增强 PVC 基复合材料进行热性能测试。对用浓度为 5％的 NaOH、$Na_2SiO_3$ 和 $NaHSO_3$ 三种溶液处理竹颗粒得到的竹颗粒增强 PVC 基复合材料与未处理竹颗粒增强 PVC 基复合材料进行 DSC 分析,结果如图9.8 所示。

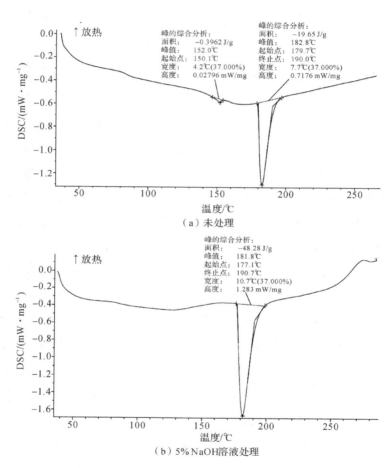

（a）未处理

（b）5%NaOH溶液处理

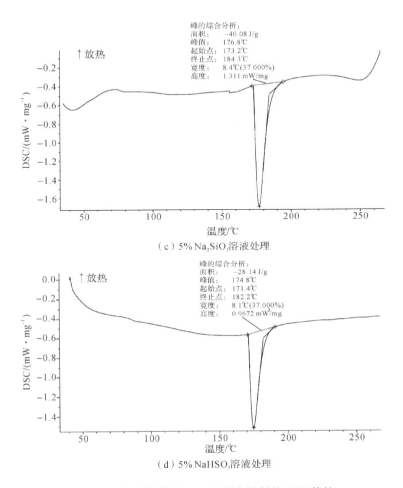

（c）5%Na₂SiO₃溶液处理

（d）5%NaHSO₃溶液处理

图 9.8　竹颗粒增强 PVC 基复合材料的 DSC 特性

由图 9.8 可知,未处理的竹颗粒增强 PVC 基复合材料分别在 152.0℃ 和 182.8℃ 时出现吸热峰,且 152.0℃ 的峰面积较小,该峰为竹颗粒的温度峰值,而 182.8℃ 的峰为 PVC 的温度峰值。可以看出,竹颗粒与 PVC 的相容性较差,两者混合后的竹颗粒增强 PVC 基复合材料存在相分离。用 5%NaOH、Na₂SiO₃ 或 NaHSO₃ 溶液处理竹颗粒后,复合材料的 DSC 曲线只出现了一个温度峰值,且该峰值介于木质素和 PVC 的温度峰值之间。因此,经过浓度 5% 的三种溶液处理后,竹颗粒与 PVC 相容性大大改善。

但是,由图 9.8(c)可以看出,5%Na₂SiO₃ 溶液处理后的竹颗粒与 PVC 仍存在部分不相容相,因此,复合材料的吸水率和厚度膨胀率均较其他两种处理液差。

### 9.2.5 竹颗粒增强 PVC 基复合材料的微观形态

以经 5％的 NaOH、$Na_2SiO_3$ 和 $NaHSO_3$ 三种溶液处理的竹颗粒制备的竹颗粒增强 PVC 基复合材料为例,对其与未处理竹颗粒增强 PVC 基复合材料的冲击断面分别进行扫描电子显微镜分析,得到竹颗粒增强 PVC 基复合材料的微观形态,如图 9.9 所示。

由图 9.9 可知,在未处理的竹颗粒增强 PVC 基复合材料中,竹颗粒在 PVC 基体中的分布较为不均,且 PVC 与竹颗粒之间存在明显的界面,因此两者是不相容的。但是,经过 5％的 NaOH、$Na_2SiO_3$ 和 $NaHSO_3$ 三种溶液处理后,竹颗粒的分布较为均匀,PVC 与竹颗粒间界面模糊,两者的相容性改善。因此,处理后竹颗粒增强 PVC 基复合材料的力学特性和耐水性均优于未处理。

由图 9.9 的(b)(c)(d)可见,经 5％的 NaOH 和 $Na_2SiO_3$ 溶液处理后的竹颗粒在 PVC 基体中的分布较 5％的 $NaHSO_3$ 溶液均匀性差,尽管 NaOH 和 $Na_2SiO_3$ 溶液处理竹颗粒后的复合材料的力学性能较好,但吸水率和厚度膨胀率并不理想,而 5％

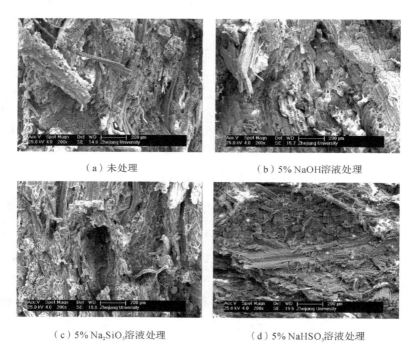

（a）未处理　　　　　　　　　　（b）5% NaOH溶液处理

（c）5% $Na_2SiO_3$溶液处理　　　　　　（d）5% $NaHSO_3$溶液处理

图 9.9 竹颗粒增强 PVC 基复合材料的微观形态

NaHSO₃ 溶液处理竹颗粒后的复合材料的各处较为均匀,因此吸水率和厚度膨胀率的变化趋势一致,与力学性能呈现较好的对应关系。

# 9.3 总 结

用 NaOH、Na₂SiO₃ 和 NaHSO₃ 三种溶液处理的竹颗粒制备了竹颗粒增强 PVC 基复合材料,比较了力学性能、耐水性能等,分析了 DSC 特性和微观形态,得到如下结果:

(1)随着处理液浓度的增加,竹颗粒增强 PVC 基复合材料的拉伸强度、弹性模量和静曲强度总体呈现先增大后减小的趋势。用 5% Na₂SiO₃ 处理竹颗粒后复合材料的拉伸强度达到最大,用 5%NaOH 处理竹颗粒后复合材料的弹性模量最大,用 2% NaOH 处理竹颗粒后复合材料的静曲强度最大。

(2)用 NaOH 溶液处理竹颗粒后复合材料的颜色变深,即使用 pH 值较低的 NaOH 溶液处理,竹颗粒增强 PVC 基复合材料的颜色也较用 pH 值高的 Na₂SiO₃ 溶液处理的深。

(3)处理液的 pH 值与竹颗粒增强 PVC 基复合材料的力学性能的相关性显著。当 pH 值在 13.3~13.5 时,制备的竹颗粒增强 PVC 基复合材料的拉伸强度、弹性模量、静曲强度达到该处理条件下的最大值。采用碱溶液处理时,如溶液浓度过大,纤维易出现水解,则材料的性能下降。

(4)经处理的竹颗粒增强 PVC 基复合材料的 2h 和 24h 吸水率及厚度膨胀率较未处理的显著降低。用 NaOH 溶液处理竹颗粒后,复合材料的吸水率和厚度膨胀率远低于其他两种溶液的处理值。随着 NaOH 溶液浓度的增加,竹颗粒增强 PVC 基复合材料的 2h、24h 吸水率逐渐降低,NaOH 溶液浓度达到 5%后,随着浓度的增加,竹颗粒增强 PVC 基复合材料的吸水率略有降低。用 0.5%NaOH 处理竹颗粒后,复合材料的 2h、24h 厚度膨胀率分别达到最小值。

(5)处理后的竹颗粒与 PVC 的相容性大大改善,但用 Na₂SiO₃ 溶液处理后的竹颗粒与 PVC 仍存在部分不相容相,用 NaOH 和 Na₂SiO₃ 溶液处理后的竹颗粒在 PVC 基体中的分布均匀性较 NaHSO₃ 溶液差。

# 10 竹颗粒表面高锰酸钾修饰机理及其增强 PVC 基复合材料性能表征

纤维素是天然纤维的主要成分,它是由 1,4-β 糖苷键首尾相连而形成的直链大分子,同时,纤维素含有醇羟基,分子间醇羟基相互作用形成氢键。因而,天然纤维具有亲水特性。在工业上,常用高锰酸钾氧化木浆或其他纤维浆。高锰酸钾亦名灰锰氧、PP 粉,是一种常见的强氧化剂,常温下为紫黑色片状晶体。高锰酸钾除具有氧化作用外,还具有消毒、除臭等作用,且对纤维素的氧化作用比较温和,处理后的纤维素能避免运输储存过程中的不良反应。

目前,在高锰酸钾氧化纤维素方面的研究较少。Sherely 等(2008)采用高锰酸钾处理香蕉纤维并用于增强树脂基复合材料,结果发现 0.5% 的高锰酸钾的处理效果较佳。Mubarak 等(2006)发现用 0.05% 的高锰酸钾处理的可可纤维对树脂的增强效果最为明显。Agarwal 等(2003)研究发现,高锰酸钾处理可以改善油棕榈纤维,增强复合材料的热导性和热扩散性。然而,关于高锰酸钾处理竹纤维及其修饰机理的研究还未见报道,高锰酸钾修饰竹颗粒增强 PVC 基复合材料的效果及其性能表征还有待研究。

本章采用不同浓度的高锰酸钾修饰竹颗粒,探索了高锰酸钾对竹颗粒的界面增容机理,并对竹颗粒增强 PVC 基复合材料的力学特性、热特性、微观结构等进行分析。

## 10.1 材料与试验

### 10.1.1 试验材料

竹屑来源于杭州市临安区竹材加工厂。采用锤片式粉碎机粉碎竹屑,并筛选出粒

径在 $200\sim400\mu m$ 范围内的部分,然后采用热风干燥箱在 $75℃$ 下干燥,直至含水率小于 $3\%$。PVC 颗粒来源于上海氯碱化工厂,牌号为 M-1000,粒径为 $300\mu m$。高锰酸钾为分析纯,购于上海化工厂。

## 10.1.2　竹颗粒表面处理

在 $20℃$ 标准大气压下分别配置浓度为 $0.01\%$、$0.02\%$、$0.05\%$、$0.1\%$、$0.2\%$、$0.5\%$、$1\%$ 的高锰酸钾水溶液,然后将竹颗粒浸入预先配制好的不同浓度的处理液中,竹颗粒与处理溶液的质量比为 1∶3,搅拌均匀以保证竹颗粒表面与处理液充分接触。浸泡 15 min 后,将竹颗粒从处理液中取出,然后放入鼓风干燥箱中,在 $75℃$ 下连续烘干至质量不发生变化,放入密闭容器中备用。

## 10.1.3　材料制备与试验方法

采用闭模热压成型技术制备竹颗粒增强 PVC 基复合材料,模具由实验室自主设计,制备的竹颗粒增强 PVC 基复合材料尺寸为 $152mm\times152mm\times h$($h$ 代表竹颗粒增强 PVC 基复合材料的厚度)。将处理后的竹颗粒与 PVC 按照质量比 7∶3 充分混合,放入模具并铺装均匀,用 GT-7014-A50C 水冷式电动加硫成型机压制成型。在前期预试验基础上,设定预热温度为 $170℃$,预热时间为 3min,成型温度为 $180℃$,成型压力为 10MPa,保压时间为 5min。试验过程中,每一项处理重复 3 次,取平均值。

在 CMT4503 型万能材料试验机上测试竹颗粒增强 PVC 基复合材料的力学性能。材料的拉伸试验、弯曲试验分别根据 ASTM D638 和 ASTM D790 标准制样并测试。耐水性参照 ASTM D570 标准分别测试 2h 和 24h 吸水率和厚度膨胀率。

应用德国耐驰公司生产的 DSC 200 F3 型差示扫描量热仪测定原料和竹颗粒增强 PVC 基复合材料的热特性,升温速率为 $15℃/min$,试验过程中采用氮气气氛。

材料断面形态观测在 SIRION-100 场发射扫描电子显微镜上进行,对竹颗粒增强 PVC 基复合材料的冲击断面采样后镀上金膜以备试验。

应用 Excel 2003 和 Origin 软件分析处理试验数据。

## 10.2 结果与讨论

### 10.2.1 竹颗粒的微观结构

未经高锰酸钾水溶液处理和经处理的竹颗粒表面微观结构如图 10.1 所示。其中,未处理竹颗粒表面较为粗糙,纤维表面有较多的杂乱无章的微原纤。经高锰酸钾溶液处理后,竹颗粒表面微原纤变得更为有序,纤维之间呈现若干沟槽,PVC 树脂更容易浸润毛竹颗粒,同时两者之间的作用力更强。

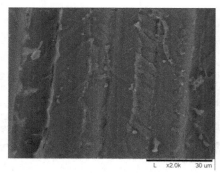

（a）未处理　　　　　　　　　　　（b）处理后

图 10.1　竹颗粒的表面微观结构

### 10.2.2 竹颗粒增强 PVC 基复合材料的微观结构

用未经高锰酸钾水溶液处理和经处理的竹颗粒制备的竹颗粒增强 PVC 基复合材料的拉伸断面微观结构如图 10.2 所示。未处理竹颗粒增强 PVC 基复合材料中,竹颗粒在基体中的分布较为不均,拉伸过程中竹纤维从 PVC 基体中拉出,两者之间的相容性较差。经高锰酸钾溶液处理后,竹颗粒在 PVC 基体中的分布更为均匀,两者之间的结合作用得到了增强,竹颗粒与 PVC 间的相容性得到了改善。

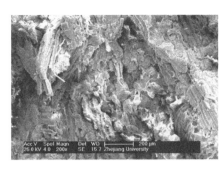

（a）未处理　　　　　　　　　　　（b）处理后

图 10.2　竹颗粒增强 PVC 基复合材料的微观结构

## 10.2.3　竹颗粒增强 PVC 基复合材料的热特性

采用差热扫描量热法对竹颗粒增强 PVC 基复合材料的热特性进行分析，结果如图 10.3 所示。

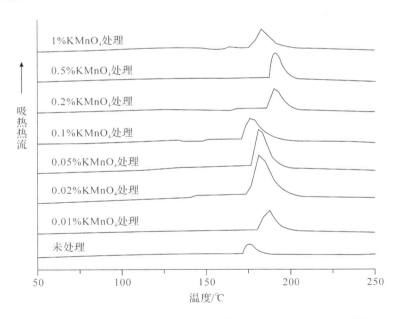

图 10.3　不同浓度高锰酸钾处理竹颗粒后的复合材料的 DSC 曲线

通过对复合材料的 DSC 曲线峰值温度($T_m$)、热焓($\Delta H_m$)以及 DSC 峰的宽度($T_m - T_c$)(其中 $T_c$ 为复合材料 DSC 曲线温度峰的起始点的温度)进行分析发现,高锰酸钾处理后的复合材料的 DSC 曲线温度峰的温度高于未处理复合材料的 DSC 曲线温度峰对应的温度,DSC 曲线温度最高点对应的高锰酸钾浓度为 0.5%,而该浓度处理的竹颗粒在 PVC 基体中的分布最为均匀。

表 10.1 反映了用不同浓度高锰酸钾处理的竹颗粒制备的竹颗粒增强 PVC 基复合材料的 DSC 特性参数。其中,0.2%浓度的高锰酸钾处理的复合材料的 DSC 热焓最小,说明该条件下复合材料各组分的结合最为稳定。通过对峰宽的比较发现,用浓度小于 1%的高锰酸钾处理后,复合材料的 DSC 曲线温度峰有变窄的趋势。当浓度为 1%时,测试结果存在异常。

表 10.1　用不同浓度高锰酸钾处理的竹颗粒制备的竹颗粒增强
PVC 基复合材料的 DSC 特性参数

| 高锰酸钾处理液浓度 /% | $T_m$ /℃ | $\Delta H_m$ /(J·g$^{-1}$) | $T_c$ /℃ | $T_m - T_c$ /℃ |
|---|---|---|---|---|
| 0.01 | 183.5 | — | 175.8 | 7.7 |
| 0.02 | 180.7 | 184.20 | 173.2 | 7.5 |
| 0.05 | 181.2 | 128.50 | 175.7 | 5.5 |
| 0.1 | 176.2 | 94.66 | 170.6 | 5.6 |
| 0.2 | 190.4 | 68.87 | 185.1 | 5.3 |
| 0.5 | 190.7 | 74.09 | 186.8 | 3.9 |
| 1.0 | 182.2 | 74.45 | 174.9 | 7.3 |

## 10.2.4　竹颗粒增强 PVC 基复合材料的孔隙率

用不同浓度高锰酸钾处理后的竹颗粒制备的竹颗粒增强 PVC 基复合材料的孔隙率如图 10.4 所示。随着高锰酸钾处理液浓度的增加,复合材料孔隙率发生变化,当高锰酸钾处理液浓度达到 0.05%时,竹颗粒增强 PVC 基复合材料的孔隙率达到极小值;当高锰酸钾处理液浓度达到 0.5%时,复合材料的孔隙率达到极大值。经 0.01%～1%浓度的高锰酸钾处理后,竹颗粒增强 PVC 基复合材料的孔隙率小于 8%。

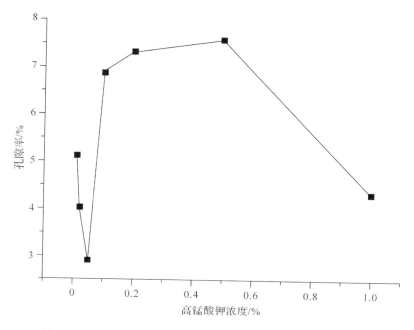

图 10.4　不同浓度高锰酸钾处理竹颗粒后的复合材料的孔隙率

## 10.2.5　竹颗粒增强 PVC 基复合材料的力学性能

用不同浓度高锰酸钾溶液处理后的竹颗粒制备的竹颗粒增强 PVC 基复合材料的力学性能如表 10.2 所示。由表 10.2 可见,竹颗粒增强 PVC 基复合材料拉伸强度随着高锰酸钾浓度的增加总体上呈现先增加后减小的趋势。当高锰酸钾处理液浓度为 0.5% 时,复合材料的拉伸强度达到最大值,为(13.79±3.06)MPa,而该浓度下复合材料的 DSC 曲线温度峰对应的温度最高,说明复合材料的拉伸强度和 DSC 曲线温度峰的温度有关。当高锰酸钾处理液浓度为 0.2% 时,复合材料的静曲强度和弹性模量分别达到最大值(30.36±6.26)MPa 和(3261.89±116.39)MPa,相应的复合材料的热熔达到最小值,说明复合材料的弯曲性能和它的热熔有关。这可能是由于复合材料的 DSC 曲线峰值温度对应于竹颗粒与 PVC 的相容性,DSC 曲线峰值温度越高,两者的相容性越好,因而拉伸强度越大,而热熔反映了两者之间复合的稳定性,热熔越小,说明竹颗粒与 PVC 复合的稳定性越好,因而材料的弹性越好。

复合材料的拉伸断裂伸长率和弯曲最大变形率如表 10.2 所示。当高锰酸钾浓度低于 0.2% 时,随着高锰酸钾浓度的提高,复合材料的拉伸断裂伸长率和弯曲最大变形率总体上均呈现提高的趋势,这是由于高锰酸钾改善了竹颗粒与 PVC 基体的相容性。随着高锰酸钾处理液浓度的进一步增加,竹颗粒中的纤维素部分被降解,因而复合材料的拉伸断裂伸长率和弯曲最大变形率均略有下降。

**表 10.2　用不同浓度高锰酸钾处理后的竹颗粒制备的竹颗粒增强 PVC 基复合材料的力学性能**

| 高锰酸钾浓度/% | 拉伸强度/MPa | 静曲强度/MPa | 弹性模量/MPa | 拉伸断裂伸长率/% | 弯曲最大变形率/% |
|---|---|---|---|---|---|
| 0.01 | 5.35±0.09 a | 14.50±7.79 a | 2106.44±399.72 a | 1.58±0.09 a | 24.29±2.25 a |
| 0.02 | 5.26±1.24 a | 17.45±7.37 ab | 2245.92±573.81 a | 1.74±0.27 a | 28.50±5.26 a |
| 0.05 | 7.04±2.22 b | 21.42±2.64 ab | 2631.82±431.44 a | 2.14±0.33 a | 30.70±6.20 a |
| 0.1 | 7.57±2.15 c | 23.35±9.91 ab | 2927.30±194.22 a | 2.17±0.32 ab | 37.05±7.62 ab |
| 0.2 | 10.14±0.88 c | 30.36±6.26 ab | 3261.89±116.39 a | 2.70±0.28 ab | 36.36±0.28 ab |
| 0.5 | 13.79±3.06 c | 24.13±1.21 ab | 2893.46±295.64 a | 2.70±0.45 b | 30.27±3.04 ab |
| 1.0 | 13.01±2.11 c | 20.42±2.24 b | 2629.61±906.14 a | 2.69±0.19 b | 30.81±4.51 b |

注:数值后的字母(即 a,b,c)相同表明在 $P < 0.05$ 下数据间的显著性水平无差异。

## 10.2.6　竹颗粒增强 PVC 基复合材料的耐水性能

用不同浓度高锰酸钾处理后的竹颗粒制备的竹颗粒增强 PVC 基复合材料的吸水率和厚度膨胀率如表 10.3 所示。

**表 10.3　用不同浓度高锰酸钾处理后的竹颗粒制备的竹颗粒增强**
**PVC 基复合材料的吸水率和厚度膨胀率**

| 高锰酸钾处理液浓度/% | 厚度膨胀率/% | | 吸水率/% | |
|---|---|---|---|---|
| | 2h | 24h | 2h | 24h |
| 0.01 | 9.07±0.88 a | 12.69±0.87 a | 22.56±0.82 a | 31.78±0.78 a |
| 0.02 | 8.07±1.41 ab | 11.01±1.46 ab | 17.80±0.92 b | 29.40±1.06 b |
| 0.05 | 7.25±0.62 bc | 9.37±0.64 b | 17.45±0.25 b | 35.32±0.31 c |

| 高锰酸钾处理液浓度 /％ | 厚度膨胀率/％ | | 吸水率/％ | |
|---|---|---|---|---|
| | 2h | 24h | 2h | 24h |
| 0.1 | 5.97±0.28 c | 11.26±0.34 c | 12.68±0.28 c | 20.40±0.28 d |
| 0.2 | 3.74±0.56 d | 6.38±0.56 d | 8.56±0.19 d | 20.66±0.43 d |
| 0.5 | 1.95±0.21 e | 5.01±0.23 d | 3.73±0.01 e | 9.41±0.04 e |
| 1.0 | 2.12±0.01 e | 5.02±0.03 d | 5.82±0.36 f | 13.40±0.32 f |

注:数值后的字母(即 a,b,c,d,e,f)相同表明在 $P<0.05$ 下数据间的显著性水平无差异。

随着高锰酸钾处理液浓度的变化,竹颗粒增强 PVC 基复合材料的吸水率和厚度膨胀率也呈现明显的变化。当高锰酸钾处理液浓度为 0.5％时,竹颗粒增强 PVC 基复合材料的吸水率和厚度膨胀率均达到最小值,2h 吸水率和 2h 厚度膨胀率分别为 (3.73±0.01)％、(1.95±0.21)％,24h 吸水率和 24h 厚度膨胀率分别为(9.41±0.04)％、(5.01±0.23)％。由于高锰酸钾的氧化作用,纤维素的表面吸水基团发生反应,羟基被氧化,纤维素的极性得到了改善,因而与 PVC 的相容性得到了改善,复合材料的耐水性能得到了提高。

## 10.2.7 高锰酸钾修饰竹颗粒机理

竹纤维呈现一定的亲水特性,与呈现憎水特性的 PVC 基体的相容性较差,采用未处理竹颗粒与 PVC 基体复合制备的复合材料的力学性能、耐水特性均处在相对较低的水平。高锰酸钾作为一种强氧化剂,可以改善竹颗粒的表面,进而提高竹颗粒与 PVC 基体复合材料的力学性能及耐水性。有学者认为,高锰酸钾使得纤维素表面的羟基被剥离(Mubarak et al.,2006;Agarwal et al.,2003)(反应原理见图 10.5),因此纤维和基体的相容性得到了改善。

依照该理论推断,高锰酸钾浓度越高,对纤维素表面羟基的去除效果越好,处理后的纤维与树脂基体的相容性越好,因而,制备的复合材料的力学强度及耐水性越好。但是,该理论无法解释一个重要现象,即当高锰酸钾浓度增加到一定范围时,随着浓度的持续增加,复合材料的拉伸性能呈现下降的趋势,该实验中用 1％浓度的高锰酸钾处理竹颗粒后,复合材料的拉伸强度明显低于 0.5％浓度的处理结果。

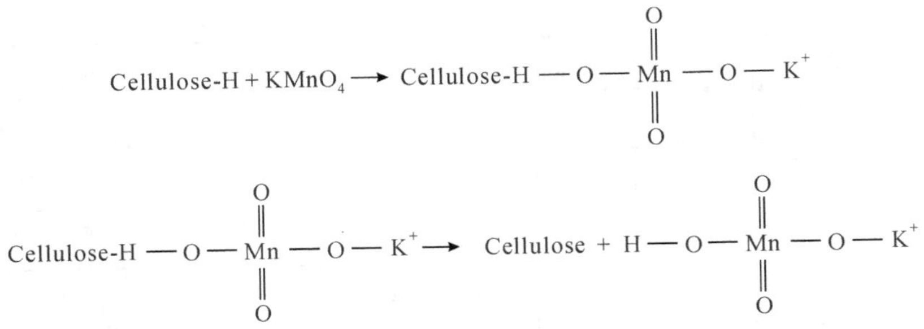

$$\text{Cellulose-H} + KMnO_4 \longrightarrow \text{Cellulose-H} - O - Mn - O - K^+$$

$$\text{Cellulose-H} - O - Mn - O - K^+ \longrightarrow \text{Cellulose} + H - O - Mn - O - K^+$$

图 10.5　反应模式 1

　　鉴于纤维素特殊的结构以及其中含有的数量巨大的羟基,笔者提出了高锰酸钾处理竹颗粒机理的新的解释(见图 10.6)。即低浓度(小于 0.2%)高锰酸钾溶液可以较好地氧化纤维素表面的羟基,因此纤维的耐水性得到增强,树脂基体的相容性得到改善。随着高锰酸钾浓度的增加,纤维素分子链中的半缩醛结构被氧化为醛基和羧基,纤维素呈现出更强的耐水性,因此,复合材料的拉伸强度和弯曲强度得到了改善。

　　但是,高锰酸钾浓度过高时(大于 1%),纤维素分子链中的 C5 和 C6 单元被降解(Lee et al.,2009),纤维素分子链长度变短,纤维的强度被削弱,同时更多的羟基暴露出来,纤维的亲水性增强,与树脂基体的相容性变差,因而复合材料的力学性能和耐水性相对降低。

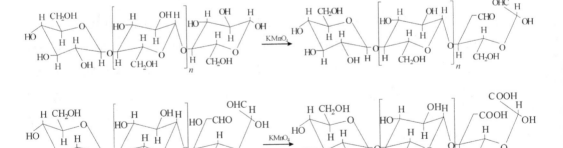

图 10.6　反应模式 2

# 10.3　总　结

采用高锰酸钾对竹颗粒表面进行了修饰,研究了氧化处理对竹颗粒增强 PVC 基复合材料性能的影响,结果发现:

(1)当高锰酸钾浓度为 0.5% 时,其修饰的竹颗粒增强 PVC 基复合材料的拉伸强度达到最大值,为(13.79±3.06)MPa。高锰酸钾浓度为 0.2% 时,复合材料的静曲强度和弹性模量分别达到最大值(30.36±6.26)MPa 和(3261.89±116.39)MPa。高锰酸钾氧化处理增强了复合材料的弯曲最大变形率和拉伸断裂伸长率,同时改善了复合材料的耐水性。

(2)经高锰酸钾处理后,竹颗粒在 PVC 基体中的分布更加均匀,两者的相容性得到了改善,但高锰酸钾剂量过大会降解竹纤维素,进而导致复合材料性能降低。

# 11 竹颗粒无催化水热增容及其增强 PVC 基复合材料性能表征

水热处理指以加热的液态、气态或两者共混水对生物质进行预处理的方法。该方法基本不使用化学试剂，反应过程对釜体无腐蚀，无须对原料进行预粉碎，且该反应生成物以中性为主(Laser et al.,2002)。该方法具有反应周期短、效率高和二次污染少的特点，是一项环境友好型生物质处理技术。目前，生物质水热处理技术主要应用在生活垃圾快速处理(李建新等,2006;Goto et al.,2004;Jomaa et al.,2003)、生物质气化产氢(孔令照等,2006;Sasaki et al.,1998)、回收利用有用物质(Yoshida et al.,1999;Jin et al.,2005;Jin et al.,2006;Kastnev et al.,1995)等领域，在木塑复合材料界面增容方面应用较少。

本章研究了 $120\sim280$℃范围内水热处理竹颗粒对其表面结构、成分的影响，并制备了竹颗粒增强 PVC 基复合材料，对其力学性能、耐水性、孔隙率等进行表征，探讨了水热增容对竹颗粒表面修饰及其增强 PVC 基复合材料界面改善的可行性。本试验的结果及理论可望为天然纤维表面修饰提供新的方法，为木塑复合材料界面增容提供新的低碳环保方案。

## 11.1 材料与试验

### 11.1.1 试验材料

竹屑来源于杭州市临安区竹材加工厂。采用锤片式粉碎机粉碎竹屑，并筛选出粒径在 $200\sim400\mu m$ 范围内的部分，然后采用热风干燥箱在 75℃下干燥，直至含水率小于 3%。PVC 颗粒来源于上海氯碱化工厂，牌号为 M-1000，粒径为 $300\mu m$。

## 11.1.2 竹颗粒表面处理

将 200g 竹颗粒放入 3L 烧杯中,倒入 1L 蒸馏水,搅拌均匀。然后,将竹颗粒溶液倒入容积为 3L 的高压反应釜中(由韩国 Reaction Engineering 公司生产,型号为 R-201),反应釜结构如图 11.1 所示。采用电热套分别加热到 120℃、140℃、160℃、180℃、200℃、220℃、240℃、260℃、280℃,反应滞留时间为 30min。将处理后的竹颗粒冷却至室温,用蒸馏水反复冲洗至颜色不再发生变化。将竹颗粒处理液过滤,取固体部分放入鼓风干燥箱中,在 75℃下连续烘干至质量不发生变化。放入密闭容器中备用。

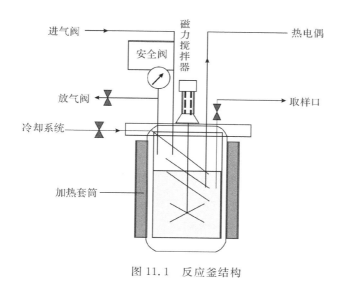

图 11.1 反应釜结构

## 11.1.3 竹颗粒增强 PVC 基复合材料制备

采用闭模热模压成型技术制备竹颗粒增强 PVC 基复合材料,模具由实验室自主设计,制备的竹颗粒增强 PVC 基复合材料尺寸为 152mm×152mm×h(h 代表竹颗粒增强 PVC 基复合材料的厚度)。将处理后的竹颗粒与 PVC 按照质量比 7:3 充分混合,放入模具并铺装均匀,通过 GT-7014-A50C 水冷式电动加硫成型机压制成型。在前期预试验基础上,设定预热温度为 170℃,预热时间为 3min,成型温度为 180℃,成型压力为 10MPa,保压时间为 5min。试验过程中,每一项处理重复进行 3 次,取平均值。

## 11.1.4  竹颗粒增强 PVC 基复合材料性能表征

在 CMT4503 型万能材料试验机上测试竹颗粒增强 PVC 基复合材料的力学性能。材料的拉伸试验、弯曲试验分别根据 ASTM D638 和 ASTM D790 标准制样并测试。耐水性参照 ASTM D570 标准分别测试 2h 和 24h 吸水率和厚度膨胀率。应用 Origin 软件分析处理试验数据。

应用德国耐驰公司生产的 DSC 200 F3 型差示扫描量热仪测定原料和竹颗粒增强 PVC 基复合材料的热特性,升温速率为 15℃/min,试验过程中采用氮气气氛。

材料断面形态观测在 SIRION-100 场发射扫描电子显微镜上进行。完成拉伸强度实验后,在竹颗粒增强 PVC 基复合材料新破坏的断面上截取断裂部分,作为电子显微镜观测试样,取好的试样首先放入干燥皿中进行干燥处理。将处理好的试样断面朝上,用双面胶带将试样固定在试样托上,采用高真空蒸发镀膜机,将样品安置在万能旋转台上对样品表面进行喷金处理,将处理好的样品放入干燥皿中以备观察。

## 11.1.5  竹颗粒成分测定

竹原料的化学组分分析参考国家标准和相关文献,其中竹颗粒中纤维素、半纤维素、木质素等成分的测试采用范氏洗涤分析法(杨胜,1993;王晓燕,2005)。该方法利用中性洗涤剂(3%十二烷基硫酸钠)分解生物质细胞内脂肪、糖、淀粉和蛋白质等物质,该类物质统称为中性洗涤剂溶解物(NDS);余下的不溶解残渣为中性洗涤纤维(NDF),这部分为半纤维素、纤维素、木质素、硅酸盐和少量的蛋白质。接着采用酸性洗涤剂将中性洗涤纤维的各组分进一步分解,这部分酸性洗涤剂溶解物包括中性洗涤剂溶解物和半纤维素;剩余的残渣称为酸性洗涤纤维,其中含有纤维素、木质素和硅酸盐。中性洗涤纤维与酸性洗涤纤维值之差即为半纤维素的含量。酸性洗涤纤维经72%的硫酸消化,纤维素被溶解,其残渣为木质素和硅酸盐,所以从酸性洗涤纤维值中减去72%硫酸消化后的残渣部分即为纤维素的含量。将经72%硫酸消化的残渣灰化,灰分含量即为硅酸盐的含量,而在灰分中逸出部分的含量即为酸性洗涤木质素的含量。具体操作步骤如下:

1.试剂配制

中性洗涤剂为有水磷酸氢二钠(用量为 18.61g)、四硼酸钠(用量为 6.81g)、十二烷基硫酸钠(用量为 30g)、乙二醇乙醚(用量为 10mL)及无水磷酸氢二钠(用量为 4.56g)的混合溶液,采用容量瓶定容到 1000mL,摇匀待用。

酸性洗涤剂为十六烷基三甲基溴化铵(用量为 20g)与 98%的浓硫酸(用量为 28mL)定容到 1000mL 的混合溶液,摇匀待用。

将 72mL 浓硫酸加入 28mL 超纯水中,配制成 72%硫酸待用。

2.实验过程

(1)采用锤片式粉碎机将干燥的样品磨成粉,称取 0.5g 样品,加 50mL 中性洗涤剂,100℃水浴 1h。

(2)过滤弃去滤液,用蒸馏水将样品及滤膜冲洗干净,并真空抽滤尽量减少残留的水分,将样品及滤膜一起转移到离心管中,加入 30~50mL 丙酮,洗 2~3 次,2000r/min 离心,弃去废液,将固体残渣放入 60℃烘箱过夜干燥。

(3)放置 12~16h 后,将固体残渣放在干燥器内冷却后称重($W_1$)。

(4)固体残渣加入 50mL 的酸性洗涤剂,100℃水浴 1h。

(5)过滤弃去滤液,用蒸馏水将样品及滤膜冲洗干净,并真空抽滤尽量减少残留的水分,将样品及滤膜一起转移到离心管中,加入 30~50mL 丙酮,洗 2~3 次,2000r/min 离心,弃去废液,将固体残渣放入 60℃烘箱过夜干燥,固体残渣干燥冷却后称重($W_2$)。

(6)在残渣中加入 72%的硫酸 5mL,于 20℃下放置 2h,然后加入 30~50mL 的蒸馏水,室温下放置 24h。

(7)过滤弃去滤液,用蒸馏水将样品及滤膜冲洗干净,并真空抽滤尽量减少残留的水分,将样品及滤膜一起转移到离心管中,加入 30~50mL 丙酮,洗 2~3 次,2000r/min 离心,弃去废液,将固体残渣放入 60℃烘箱过夜干燥,固体残渣干燥冷却后称重($W_3$)。

(8)固体残渣放入马弗炉内(温度 600℃,时间 2h)灰化冷却后,称量灰分的重量($W_4$)。

则纤维素、半纤维素、木质素等物质的含量为:

$$半纤维素含量(\alpha) = \frac{W_1 - W_2}{0.5} \times 100\% \tag{11.1}$$

$$纤维素含量(\beta) = \frac{W_2 - W_3}{0.5} \times 100\% \tag{11.2}$$

$$木质素含量(\chi)=\frac{W_3-W_4}{0.5}\times100\% \tag{11.3}$$

$$灰分含量(\delta)=\frac{W_4}{0.5}\times100\% \tag{11.4}$$

$$蛋白质、果胶等物质含量=100\%-\alpha-\beta-\chi-\delta \tag{11.5}$$

## 11.1.6  竹颗粒增强 PVC 基复合材料孔隙特性测定

用氮吸附法测定复合材料的孔径分布(近藤精一等,2007),该方法利用了氮气的等温吸附特性曲线:在液氮温度下,氮气在固体表面的吸附量取决于氮气的相对压力($P/P_0$),$P$ 为氮气分压,$P_0$ 为液氮温度下氮气的饱和蒸汽压;当 $P/P_0$ 在 $0.05\sim0.35$ 范围内时,吸附量与 $P/P_0$ 符合 BET 方程,这是氮吸附法测定粉体材料比表面积的依据;当 $P/P_0\geqslant0.4$ 时,由于产生毛细凝聚现象,即氮气开始在微孔中凝聚,通过实验和理论分析,可以测定孔容、孔径分布。

所谓孔容、孔径分布是指不同孔径孔的容积随孔径尺寸的变化率。所谓毛细凝聚现象是指,在一个毛细孔中,若能因吸附作用形成一个凹形的液面,与该液面成平衡的蒸汽压力必小于同一温度下平液面的饱和蒸汽压力。毛细孔直径越小,凹液面的曲率半径越小,与其相平衡的蒸汽压力越低,换句话说,当毛细孔直径较小时,可在较低的相对压力下,在孔中形成凝聚液,但随着孔尺寸的增加,只有在高一些的相对压力下形成凝聚液。显而易见,毛细凝聚现象的发生,将使得样品表面的吸附量急剧增加,因为有一部分气体被吸附进入微孔中并转化成液态,当固体表面全部孔都被液态吸附至充满时,吸附量达到最大,而且相对压力也达到最大值1。相反的过程也是一样的,当吸附量达到最大(饱和)的固体样品,其相对压力降低时,首先大孔中的凝聚液被脱附出来,随着压力的逐渐降低,由大到小的孔中的凝聚液分别被脱附出来。

具体测试过程如下:

(1)样品称重。用专用漏斗将样品装入样品管,本试验采用整体样品,质量约为 0.3000g。采用万分之一赛多利斯电子天平(Sartorius-BS 224S)称量样品质量,称量结果精确到 0.0001g。

(2)样品预处理。把样品安装在预处理夹头上,采用微型电炉加热到 105℃,保温 3h。预处理完成后,待样品管温度降至室温,取出样品进行称重,称量结果精确到

0.0001g。

（3）将样品放入样品管，安装妥当后，开启真空泵，进行真空预抽，待压力小于 0.1kPa 后，停止预抽，设定孔隙率测试程序，升上液氮杜瓦瓶，停留 1min 后，进行吸附试验。

## 11.2　结果与讨论

### 11.2.1　水热方法修饰竹颗粒微观结构分析

不同处理条件下竹颗粒的表面微观结构如图 11.2 所示。

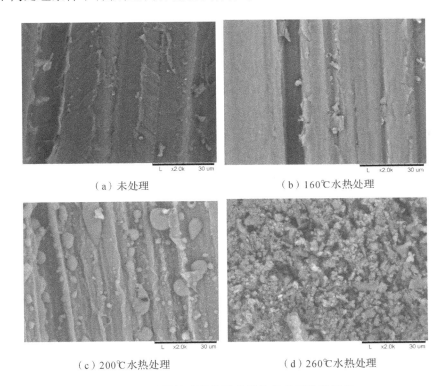

（a）未处理　　　　　　　　　　（b）160℃水热处理

（c）200℃水热处理　　　　　　　（d）260℃水热处理

图 11.2　不同处理条件下竹颗粒的表面微观结构

水热处理后，竹颗粒表面微原纤数量变少，同时微原纤变得更加有序。以竹颗粒在 160℃条件下水热处理结果为例，纤维之间缝隙增加，由于纤维之间主要是由半纤维素、木质素、果胶等物质填充,因此,低温水热处理可有效去除半纤维素、木质素、果胶等物质,其作用与碱处理作用类似。当竹颗粒水热处理的温度继续增加,达到200℃左右时,对半纤维素等物质的去除效果更为明显,但是,在该温度下,纤维表面有微球状物质黏附,这说明半纤维素等物质在该温度下降解成低分子物质并黏附在纤维表面。这是因为溶解的木质素发生分解反应,木质素的分解产物含有较高活性的官能团,在水热条件下与纤维素和半纤维的分解产物中的有机酸发生交联反应,生成大分子量的不溶于水的化合物。在高温条件下(200~220℃),木质素分解加快,随着反应时间的延长,该反应更易进行(Kim et al.,2005)。因此,在较高的处理温度下,竹颗粒纤维表面附着颗粒状物质。当水热处理温度达到260℃时,由于处理温度过高,纤维呈现明显的降解现象。

## 11.2.2 竹颗粒成分分析

表11.1反映了不同温度的水热处理方式对竹颗粒成分的影响。随着水热处理温度的增加,竹颗粒中半纤维素的含量呈现逐渐降低的趋势,当温度达到180℃时,半纤维素的降低幅度达到最大,说明半纤维素在160~180℃亚临界水中发生了快速溶解。随着水热处理温度的变化,当温度达到240℃时,竹颗粒的木质素含量降低到7.73%。水热处理过程中,蛋白质、糖类等物质的含量先降低后升高,这是因为随着温度的增加,蛋白质等物质被溶解,因而含量略有降低,但当温度较高时,半纤维素、木质素等物质发生降解反应,生成新的糖分,因而糖类等物质的含量随之增加。纤维素含量随着温度的增加呈现逐渐增加的趋势,这是由半纤维素等物质的含量降低导致的。但260℃和280℃时出现了结果异常,我们认为是因为温度较高导致部分纤维素产生了水解。

表11.1　不同温度的水热处理后竹颗粒的成分　　　　　　　　　　单位:%

| 水热处理方式 | 蛋白质、糖类等 | 半纤维素 | 纤维素 | 木质素 | 灰分 |
|---|---|---|---|---|---|
| 120℃无催化剂 | 11.60 | 27.40 | 36.31 | 23.69 | 1.00 |
| 140℃无催化剂 | 10.97 | 26.75 | 41.07 | 20.21 | 1.00 |
| 160℃无催化剂 | 9.88 | 21.29 | 49.16 | 18.67 | 1.00 |

| 水热处理方式 | 蛋白质、糖类等 | 半纤维素 | 纤维素 | 木质素 | 灰分 |
|---|---|---|---|---|---|
| 180℃无催化剂 | 13.67 | 9.82 | 62.49 | 12.82 | 1.20 |
| 200℃无催化剂 | 15.29 | 6.35 | 67.01 | 10.75 | 0.60 |
| 220℃无催化剂 | 16.76 | 4.17 | 68.29 | 10.58 | 0.20 |
| 240℃无催化剂 | 18.52 | 2.79 | 70.76 | 7.73 | 0.20 |
| 260℃无催化剂 | 21.19 | 5.89 | 67.87 | 4.85 | 0.20 |
| 280℃无催化剂 | 22.82 | 3.78 | 67.91 | 4.30 | 1.19 |

在竹颗粒水热处理过程中,木质素解聚产物主要为具有较高活性官能团的低分子量分子链段(Fang et al.,2008),如葡聚糖和酚类物质,因此高温水热处理后竹颗粒内部的蛋白质、糖类等物质的总体含量提高。同时,由于分子间和分子内部的氢键结合力较强,纤维素中糖苷键的结合十分紧密,导致纤维素在水热条件下的分解十分不均匀。在水热处理温度达到240℃时,纤维素首先水解生成低聚物和纤维素单元,然后分解为葡聚糖,包括果糖、脱水葡萄糖、5-羟甲基糠醛、糠醛等(Schwald et al.,1989;Mok et al.,1992),而分解产生的糖醛、脱水葡萄糖等物质在高温条件下发生部分可逆反应,重新生成大分子糖类,增加了竹颗粒中的糖类等物质的总体含量。

## 11.2.3　竹颗粒增强 PVC 基复合材料的微观结构分析

经不同温度的水热处理后的竹颗粒,其增强 PVC 基复合材料的拉伸断面微观结构如图 11.3 所示。拉伸断裂时,竹颗粒从 PVC 基体中被拔出,这表明竹颗粒与 PVC 基体的界面结合相对较差,两者的相容性不佳。同时,可以看到竹颗粒的分布较为不均,部分区域为 PVC 基体聚集的区域。经亚临界水低温处理后,竹颗粒增强 PVC 基复合材料的分布变均匀,两者之间的界面相对不明显了。但水热处理温度较高时(260℃及以上),竹颗粒和 PVC 复合后两者基本完全相容,竹颗粒与 PVC 组分肉眼已无法区分,复合材料断面较为平整,因而竹颗粒与 PVC 基体界面的应力能更有效地得到转移。

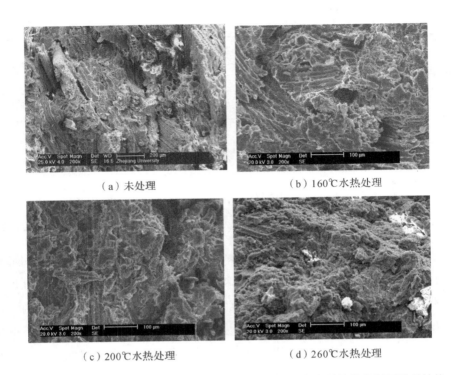

（a）未处理　　　　　　　　　　　　（b）160℃水热处理

（c）200℃水热处理　　　　　　　　　　（d）260℃水热处理

图 11.3　不同温度水热处理竹颗粒后其增强 PVC 基复合材料的拉伸断面微观结构

## 11.2.4　竹颗粒增强 PVC 基复合材料的热特性分析

采用差示扫描量热法对竹颗粒增强 PVC 基复合材料的热特性进行分析,结果如图 11.4 所示。

在 DSC 曲线上,竹颗粒和 PVC 分别对应两个 DSC 曲线温度峰值,其中 PVC 在 183℃的对应的峰值热焓约为 19.69J/g,纤维素在 153℃对应的 DSC 曲线呈现的热焓较小。

复合材料的 DSC 特性参数如表 11.2 所示。其中,$H$ 代表 DSC 曲线上的峰的高度。

经亚临界水处理后的竹颗粒,其增强 PVC 基复合材料的 DSC 曲线上有一个明显的温度峰值,对应峰值处的物质是由竹纤维素与 PVC 复合形成的物质,表明水热处理提高了竹颗粒与 PVC 基体的相容性。水热处理温度为 280℃时,竹颗粒增强 PVC 基

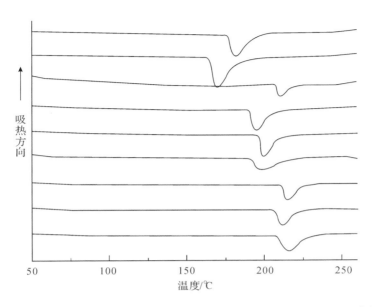

图 11.4 不同温度水热处理竹颗粒后其增强 PVC 基复合材料的 DSC 曲线

复合材料的 DSC 曲线上温度峰值的温度最高,而该条件下,竹颗粒降解程度最为明显,复合材料中竹颗粒在 PVC 基体中的分布最为均匀,这说明 DSC 曲线温度峰值的温度与复合材料组分间的相容性有相关关系。水热处理温度为 160℃时,竹颗粒增强 PVC 基复合材料的热焓最小,而该温度下竹颗粒与 PVC 基体的相容性相对于未处理竹颗粒有明显的改善,同时竹颗粒的降解程度最低,说明复合材料的热焓与其物理力学性能有相关关系。

表 11.2 不同温度水热处理竹颗粒后其增强 PVC 基复合材料的 DSC 特性参数

| 水热处理温度 /℃ | $T_m$ /℃ | $\Delta H_m$ /(J・g$^{-1}$) | $T_c$ /℃ | $H$ /(mW・mg$^{-1}$) | $T_m-T_c$ /℃ |
|---|---|---|---|---|---|
| 120 | 181.2 | −73.95 | 176.2 | 1.7230 | 12.1 |
| 140 | 169.7 | −110.30 | 164.7 | 2.2240 | 13.1 |
| 160 | 210.5 | −26.58 | 207.2 | 0.9624 | 7.8 |
| 180 | 194.6 | −60.21 | 190.5 | 1.6100 | 10.4 |

续表

| 水热处理温度 /℃ | $T_m$ /℃ | $\Delta H_m$ /(J·g$^{-1}$) | $T_c$ /℃ | $H$ /(mW·mg$^{-1}$) | $T_m - T_c$ /℃ |
|---|---|---|---|---|---|
| 200 | 200.0 | −58.90 | 196.1 | 1.6760 | 9.6 |
| 220 | 198.0 | −50.37 | 191.5 | 0.9040 | 16.1 |
| 240 | 214.9 | −37.23 | 211.0 | 1.1950 | 8.8 |
| 260 | 212.0 | −38.90 | 206.0 | 1.1860 | 11.6 |
| 280 | 218.0 | −41.88 | 208.0 | 1.2100 | 16.0 |

## 11.2.5 竹颗粒增强 PVC 基复合材料的孔隙率分析

由图 11.5 可见,不同温度下水热处理竹颗粒后,其增强 PVC 基复合材料的孔隙率是变化的。

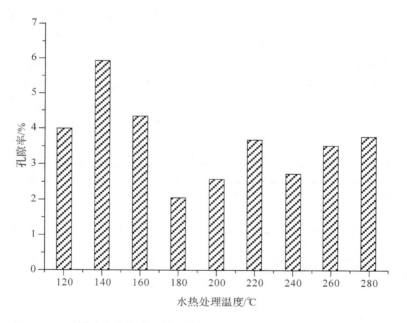

图 11.5 不同温度水热处理竹颗粒后,其增强 PVC 基复合材料的孔隙率

140℃水热处理竹颗粒,其增强 PVC 基复合材料的孔隙率最大;180℃水热处理竹颗粒,其增强 PVC 基复合材料的孔隙率最小。温度对竹颗粒增强 PVC 基复合材料的孔隙率影响显著,随着温度的增加,竹颗粒的半纤维素等物质被溶解于亚临界水中,在 120～140℃时,半纤维素等物质的溶解比例较小,半纤维素等物质析出后形成的孔隙较小,因而复合材料加工过程中,PVC 基体软化后很难进入该类孔隙,因此复合材料的孔隙率在140℃水热处理竹颗粒时达到最大。随着水热处理温度的增加,半纤维素、木质素等物质逐渐析出,形成的孔隙较大,因而复合材料加工过程中,PVC 基体软化后部分进入该类孔隙。但是,水热处理温度较高时,复合材料加工过程中,纤维素难以支撑半纤维素、木质素等物质析出后形成的孔隙,因而压缩过程中部分 PVC 基体进入该类孔隙,同时,由于外部压力作用,该类孔隙被压缩,因此在 180℃以后,随着水热处理温度的增加,复合材料的孔隙逐渐增大,与半纤维素、木质素等物质的析出呈现一定的相关关系,但是220℃出现了异常点,我们还在研究是什么原因所致。

## 11.2.6　竹颗粒增强 PVC 基复合材料的力学性能分析

经不同温度水热处理后的竹颗粒,其增强 PVC 基复合材料的物理力学性能如表 11.3 所示。随着水热处理温度的增加,竹颗粒增强 PVC 基复合材料的拉伸强度先增加后减小。当水热处理温度达到 180℃时,复合材料的拉伸强度达到最大值,为(15.79±0.74)MPa,结合竹颗粒及复合材料的微观结构可知,该温度下水热处理对半纤维素、木质素、果胶等物质的去除效果较佳。在 180℃水热处理条件下,竹颗粒增强 PVC 基复合材料的静曲强度和弹性模量也分别达到各自的最大值,为(39.57±2.88)MPa 和(6702.26±883.82)MPa。

复合材料的 DSC 分析结果和微观结构表明,水热处理后的竹颗粒与 PVC 基体的相容性明显改善,竹颗粒均匀分散在 PVC 基体中。水热处理温度越高,竹颗粒在 PVC 基体中的分散均匀性越好,对应的复合材料的 DSC 曲线峰值温度也较高。而复合材料的力学性能在较低的水热处理温度下呈现较高的水平,同时该温度下复合材料的热焓较低,说明水热处理后的竹颗粒与 PVC 基体间的作用力较大,两者的复合效果较好。

随着水热处理竹颗粒温度的升高,复合材料的拉伸断裂伸长率呈现先升高后降低的趋势,280℃出现了小幅异常反弹,拉伸断裂伸长率最大值为(3.75±0.20)%,对应的水热处理温度为 200℃。弯曲最大变形率随水热处理温度的增加呈现先增加后降低的趋势(260℃为异常点),弯曲最大变形率最大值为(36.22±2.70)%,对应的水热处理温度为140℃。水热处理改变了竹颗粒的组分,改善了竹颗粒与PVC基体的相容性,竹颗粒在PVC基体中的分布更为均匀,两者的结合更为紧密,因而水热处理后的竹颗粒,其复合材料的拉伸断裂伸长率和弯曲最大变形率提高,但过高的温度会分解纤维素,使竹变"脆"。因此,处理温度超过260℃后,拉伸断裂伸长率和弯曲最大变形率随着温度的升高呈现下降的趋势。

表11.3 不同温度水热处理竹颗粒后其增强PVC基复合材料的力学性能

| 水热处理温度/℃ | 拉伸强度/MPa | 静曲强度/MPa | 弹性模量/MPa | 拉伸断裂伸长率/% | 弯曲最大变形率/% |
|---|---|---|---|---|---|
| 120 | 8.17±2.25 a | 22.67±0.43 a | 2816.80±239.19 a | 1.79±0.02 a | 28.59±0.00 a |
| 140 | 9.07±1.68 a | 24.10±2.04 a | 3732.95±184.55 b | 2.17±0.23 a | 36.22±2.70 b |
| 160 | 15.36±0.48 b | 39.50±0.12 b | 5642.55±905.53 bc | 3.39±0.36 a | 32.11±3.54 b |
| 180 | 15.79±0.74 c | 39.57±2.88 b | 6702.26±883.82 bc | 3.42±0.20 b | 29.01±2.24 b |
| 200 | 12.11±0.17 c | 29.37±2.65 c | 5217.24±692.82 bc | 3.75±0.20 bc | 13.72±1.87 c |
| 220 | 9.48±0.69 c | 28.85±1.73 c | 4818.59±665.83 bc | 2.31±0.45 cd | 13.65±2.36 c |
| 240 | 5.66±0.79 d | 16.95±1.53 d | 4958.93±529.15 cd | 1.81±0.32 d | 7.94±1.32 d |
| 260 | 5.29±0.35 d | 16.78±2.65 d | 4891.81±435.89 de | 0.92±0.17 e | 9.77±1.53 d |
| 280 | 1.21±0.10 e | 16.28±1.00 d | 4226.73±346.41 e | 0.99±0.10 e | 7.08±2.00 d |

注:1.反应过程中竹颗粒的浴比为1:5,反应时间为30min。

2.数值后的字母(即a,b,c,d,e)相同表明在$P<0.05$下数据间的显著性水平无差异。

## 11.2.7 竹颗粒增强PVC基复合材料的耐水性能

经不同温度水热处理后的竹颗粒,其增强PVC基复合材料的厚度膨胀率和吸水率如表11.4所示。温度对复合材料的厚度膨胀率和吸水率影响显著。当水热处理温度为280℃时,2h和24h吸水率分别达到最小值,为(1.18±0.08)%和(3.34±0.20)%。水热处理温度为280℃时,2h和24h厚度膨胀率分别达到最小值,为(00.49±0.13)%和(1.3±0.41)%。

　　由于水热处理可溶解竹颗粒中的半纤维素、木质素和果胶等物质,而相对于竹颗粒中的纤维素,该类物质表现出较高的吸水性和吸水润涨特性。同时溶解的半纤维素、木质素和果胶等部分降解生成小分子物质,降解后的小分子有的与纤维素发生反应,有的相互之间产生交联作用,提高了竹颗粒与 PVC 基体的相容性,两者间的空隙更小,阻止了对水分的吸收和吸水后的润涨。同时,在竹颗粒水热处理过程中,在较低的处理温度下,竹颗粒中的蜡质及部分半纤维素被移除(Kritzer et al.,2001),在生物质预处理中,蒸汽爆破处理方式呈现与水热处理类似的结果(Bicker et al.,2005;Kristensen et al.,2008)。因此,在低温水热处理条件下,水热处理通过对木质素的重构、半纤维素的部分移除,增加了纤维素的可及度,提高了竹颗粒和 PVC 的相容性,因而复合材料的力学性能和耐水性较佳。

表 11.4　不同温度水热处理竹颗粒后其增强 PVC 基复合材料的厚度膨胀率和吸水率

| 水热处理温度/℃ | 厚度膨胀率/% | | 吸水率/% | |
|---|---|---|---|---|
| | 2h | 24h | 2h | 24h |
| 120 | 3.74±0.76 a | 10.42±1.93 a | 3.41±0.83 a | 11.72±0.19 a |
| 140 | 2.88±0.81 ab | 10.41±1.52 a | 3.34±0.76 a | 11.63±0.54 a |
| 160 | 2.21±0.13 bc | 5.35±1.78 b | 2.60±0.72 ab | 6.30±0.73 b |
| 180 | 1.31±0.38 cd | 4.34±0.34 bc | 2.53±0.35 ab | 5.62±0.74 bc |
| 200 | 1.33±0.28 cd | 3.69±0.28 bcd | 2.43±0.31 abc | 5.53±0.74 bc |
| 220 | 0.86±0.14 d | 3.14±0.57 cde | 1.54±0.59 bcd | 4.82±0.47 cd |
| 240 | 0.82±0.05 d | 2.37±0.57 def | 1.46±0.31 bcd | 4.45±0.71 cde |
| 260 | 0.69±0.11 d | 1.49±0.35 ef | 1.23±0.15 cd | 3.64±0.48 de |
| 280 | 0.49±0.13 d | 1.30±0.41 f | 1.18±0.08 d | 3.34±0.20 e |

注:数值后的字母(即 a,b,c,d,e)相同表明在 $P<0.05$ 下数据间的显著性水平无差异。

　　总之,与木质纤维素相同,竹纤维素也是由 β-1,4 糖苷键首尾相连而成的线性高分子物质,其分子结构中包含大量的醇羟基。因此,竹纤维素呈现一定的亲水性,与呈疏水性的 PVC 基体的相容性较差,两者直接复合制备的竹颗粒增强 PVC 基复合材料的力学性能、耐水性等均处于较差的水平。水热方式处理竹颗粒时,由于竹颗粒表面的羟基间发生缩聚脱水,竹颗粒的极性改变,因此与 PVC 基体间的相容性得到了改善。如果预处理温度过低,竹颗粒的结合水未被激活,复合材料的相容性改善不显著,因此,在120℃下水热处理竹颗粒,其增强PVC基复合材料的性能没有达到最佳值;而水热处理温度过高,纤维素发生降解,损害了复合材料的物理力学性能,因此,水热处理温度达到240℃以上时,竹颗粒增强PVC基复合材料的性能下降,这是由于纤维素等物质降解生成了大量的短链分子。因此,应用无催化水热增容对竹颗粒进行处理时,水热处理温度对处理结果影响显著,反应时间和浴比对处理结果也存在一定的影响。

# 11.3  总  结

采用水热处理对竹颗粒表面进行修饰,研究了不同温度水热增容处理对竹颗粒特性的影响,并对竹颗粒增强PVC基复合材料的性能进行表征,探讨了水热增容在木塑复合材料界面处理中的可行性及其机理。结果发现:

(1)水热处理改善了竹颗粒表面结构,有效去除了半纤维素、木质素、果胶等物质,而过高的水热处理温度会导致纤维降解。

(2)水热处理改善了竹颗粒与PVC的相容性,竹颗粒在复合材料基体中的分布变均匀,两者之间的界面相对不明显了。同时,水热处理还改善了复合材料的孔隙。

(3)竹颗粒增强PVC基复合材料的拉伸强度随水热处理温度的增加先增加后减小。当水热处理温度达到180℃时,复合材料的拉伸强度达到极大值,为(15.79±0.74)MPa。在180℃水热处理条件下,竹颗粒增强PVC基复合材料的静曲强度和弹性模量也分别达到各自的最大值,为(39.57±2.88)MPa和(6702.26±883.82)MPa。

(4)随着水热处理温度的升高,复合材料的拉伸断裂伸长率呈现先增加后降低的趋势,拉伸断裂伸长率最大值为(3.75±0.20)%,对应的水热处理温度为200℃。弯曲最大变形率随水热处理温度的增加呈现先增加后降低的趋势,弯曲最大变形率最大值为(36.22±2.70)%,对应的水热处理温度为140℃。

(5)温度对复合材料的吸水率和厚度膨胀率影响显著。当水热处理温度为280℃时,2h和24h吸水率分别达到最小值,为(1.18±0.08)%和(3.34±0.20)%。水热处理温度为280℃时,2h和24h厚度膨胀率分别达到最小值,为(0.49±0.13)%和(1.3±0.41)%。

# 12 催化剂在竹颗粒水热处理表面修饰中的作用及其对复合材料性能的影响

生物质水热处理包含了两个过程,随着温度的升高,首先是有机组分水解转化形成可溶性小分子有机物,其次是小分子有机物进一步分解。通常,生物质水热处理要求有较高的温度和压力,且反应过程中副产物多,通过添加恰当的催化剂,可以改善处理效果。生物质水热处理中的催化剂有两种类型,一种是传统意义上的催化剂,该类催化剂仅仅改变化学反应速率,使生物质水热过程变快或减慢或者在较低的温度环境下进行化学反应;生物质水热处理另一种常用的催化剂是广义的催化剂,即催化剂不仅改变反应速率,部分催化剂还参与反应,本章选择的催化剂属于广义的催化剂。

本章研究了水热条件下不同浓度的氢氧化钠、硅酸钠、碳酸钠、碳酸钾、硫酸对竹颗粒表面结构及其成分的影响,并制备竹颗粒增强 PVC 基复合材料,对其性能进行表征,初步探讨了催化剂对竹颗粒增强 PVC 基复合材料界面水热增容的作用,并获得了较佳的催化剂浓度参数。

## 12.1 材料与试验

### 12.1.1 试验材料

竹屑来源于杭州市临安区竹材加工厂。采用锤片式粉碎机粉碎竹屑,并筛选出粒径在 $200\sim400\mu m$ 范围内的部分,然后采用热风干燥箱在 75℃ 下干燥,直至含水率小于 3%。PVC 颗粒来源于上海氯碱化工厂,牌号为 M-1000,粒径为 $300\mu m$。

## 12.1.2 竹颗粒表面处理

将 200g 竹颗粒放入 3L 烧杯中,倒入 1L 蒸馏水,搅拌均匀。然后,加入不同浓度 (0.5%、1%、2%)的氢氧化钠、硫酸、硅酸钠、碳酸钠、碳酸钾等催化剂,搅拌均匀后将竹颗粒溶液倒入容积为 3L 的高压反应釜中。采用电热套分别加热到 120℃、140℃、160℃、180℃、200℃,反应滞留时间为 30min。将处理后的竹颗粒冷却至室温,用蒸馏水反复冲洗至颜色不再发生变化。将竹颗粒处理液过滤,取固体部分放入鼓风干燥箱中,在 75℃下连续烘干至质量不发生变化。放入密闭容器中备用。

## 12.1.3 竹颗粒增强 PVC 基复合材料制备

采用闭模热模压成型技术制备竹颗粒增强 PVC 基复合材料,模具由实验室自主设计,制备的竹颗粒增强 PVC 基复合材料尺寸为 152mm×152mm×$h$($h$ 代表竹颗粒增强 PVC 基复合材料的厚度)。将处理后的竹颗粒与 PVC 按照质量比 7:3 充分混合,放入模具并铺装均匀,用 GT-7014-A50C 水冷式电动加硫成型机压制成型。在前期预试验基础上,设定预热温度为 170℃,预热时间为 3min,成型温度为 180℃,成型压力为 10MPa,保压时间为 5min。试验过程中,每一项处理重复进行 3 次,取平均值。

## 12.1.4 竹颗粒增强 PVC 基复合材料性能表征

在 CMT4503 型万能材料试验机上测试竹颗粒增强 PVC 基复合材料的力学性能。材料的拉伸试验、弯曲试验分别根据 ASTM D638 和 ASTM D790 标准制样并测试。耐水性参照 ASTM D570 标准分别测试 2h 和 24h 吸水率和厚度膨胀率。应用 Origin 软件分析处理试验数据。

应用德国耐驰公司生产的 DSC 200 F3 型差示扫描量热仪测定原料和竹颗粒增强 PVC 基复合材料的热特性,升温速率为 15℃/min,试验过程中采用氮气气氛。

材料断面形态观测在 SIRION-100 场发射扫描电子显微镜上进行。完成拉伸强度实验后,在竹颗粒增强 PVC 基复合材料新破坏的断面上截取断裂部分,作为电子显微镜观测试样,取好的试样首先放入干燥皿中进行干燥处理。将处理好的试样断面朝上,用双面胶带将试样固定在试样托上,采用高真空蒸发镀膜机,将样品安置在万能旋转台上对样品表面进行喷金处理,将处理好的样品放入干燥皿中以备观察。

### 12.1.5　竹颗粒成分测定

竹颗粒成分采用范式纤维法分析,具体步骤如 11.1.5 所述。

### 12.1.6　竹颗粒增强 PVC 基复合材料孔隙特性测定

用氮吸附法测定孔径分布,具体测试过程如 11.1.6 所述。

## 12.2　结果与讨论

### 12.2.1　催化剂对竹颗粒微观结构的影响

图 12.1 反映了采用氢氧化钠、硅酸钠、硫酸、碳酸钠、碳酸钾作为催化剂时,竹颗粒表面的微观形态。

相对于未处理竹颗粒的表面形态,水热处理后竹颗粒表面更加光滑,微原纤数量减少,原纤分布更为有序,采用氢氧化钠、硅酸钠、硫酸、碳酸钠、碳酸钾五种水热催化剂处理后的竹颗粒间的空隙明显增加,这说明催化剂的添加对半纤维素、木质素和果胶等物质具有去除作用。相对于无催化水热处理竹颗粒,添加催化剂的水热处理方式对竹颗粒半纤维素等物质的去除效果略有改变,160℃下 2% 硅酸钠水热处理后的竹颗粒的微原纤去除比例相对较低,氢氧化钠和碳酸钾处理后的竹颗粒的表面最为光滑。

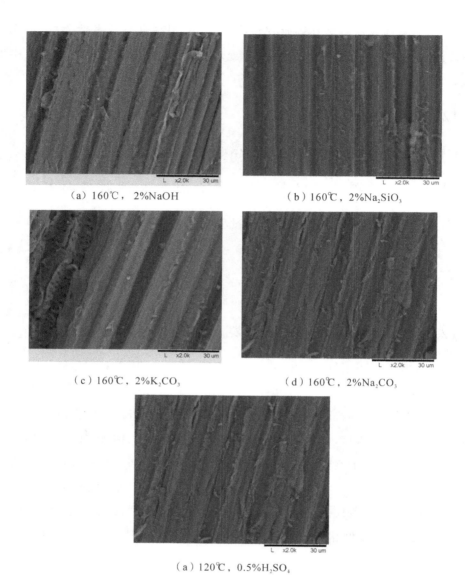

（a）160℃，2%NaOH　　　　　　　（b）160℃，2%Na₂SiO₃

（c）160℃，2%K₂CO₃　　　　　　　（d）160℃，2%Na₂CO₃

（a）120℃，0.5%H₂SO₄

图12.1　催化水热处理后竹颗粒的微观结构

## 12.2.2　催化剂对竹颗粒主要成分的影响

表12.1反映了催化剂对竹颗粒主要成分的影响。对氢氧化钠催化剂来说，在160℃水热处理条件下，随着催化剂浓度的增加，竹颗粒半纤维素和木质素含量呈现先

减小后增大的趋势。当氢氧化钠浓度由 0.5％增加到 1％时,纤维素含量变化不大;当氢氧化钠浓度增加到 2％时,竹颗粒纤维素含量明显增加。

由于氢氧化钠溶液促进了半纤维素和木质素的溶解,因而采用氢氧化钠催化水热处理后的竹颗粒的半纤维素和木质素含量低于无催化处理结果。氢氧化钠的催化作用促进了纤维素等物质的降解,因而蛋白质、糖类等物质的含量高于无催化处理结果。

采用硅酸钠作为催化剂时,在 160℃水热处理条件下,随着催化剂浓度的增加,竹颗粒半纤维素含量呈现先增加后减小的趋势,木质素含量基本稳定,纤维素含量先减小后增加,蛋白质、糖类等物质的含量逐渐增加。硅酸钠是一种具有强碱性的盐类,其碱性与氢氧化钠相当,但对半纤维素等物质的溶解效果较差,因此采用 2％浓度的硅酸钠催化水热处理竹颗粒后,其半纤维素含量相对 0.5％浓度硅酸钠处理结果略有降低。由于硅酸钠溶液对木质素的作用效果不明显,因此木质素含量变化不大。硅酸钠催化水热处理促进了纤维素等物质的降解,因而蛋白质、糖类等物质的含量提高。

采用碳酸钠和碳酸钾作为催化剂时,在 160℃水热处理条件下,随着催化剂浓度的增加,竹颗粒半纤维素含量呈现逐渐减小的趋势,木质素含量变化不大。当碳酸钠和碳酸钾浓度由 0.5％增加到 1％时,竹颗粒的纤维素含量变化不大;当碳酸钠和碳酸钾浓度增加到 2％时,纤维素含量略有降低。当碳酸钠和碳酸钾浓度由 0.5％增加到 1％时,竹颗粒的蛋白质、糖类等物质的含量变化不大;当碳酸钠和碳酸钾浓度增加到 2％时,竹颗粒的蛋白质、糖类等物质的含量略有提高。因为碳酸钠和碳酸钾催化剂无法促进竹颗粒的木质素溶解,所以木质素含量基本稳定。由于碳酸钾的碱性略强于碳酸钠,因而水热条件下作为催化剂对半纤维素、木质素的去除效果略强于碳酸钠。

硫酸的存在,使得水热处理下竹颗粒的半纤维素、纤维素、木质素发生降解,因而,竹颗粒半纤维素和木质素含量降低明显。相对而言,120℃催化水热处理条件下 0.5％的 $H_2SO_4$ 对纤维素的降解作用弱于对半纤维素和木质素等物质的降解作用。

总的来说,160℃、0.5％的 $Na_2SiO_3$ 催化水热处理的竹颗粒的蛋白质、糖类等物质的含量最低,为 11.55％;160℃、1％的 NaOH 催化水热处理的竹颗粒的蛋白质、糖类等物质的含量最高,为 37.63％。120℃、0.5％ $H_2SO_4$ 催化水热处理的竹颗粒的半纤维素含量最低,为 7.58％;160℃、1％ $Na_2SiO_3$ 催化水热处理竹颗粒的半纤维素含量最低,为 23.74％。160℃、1％ NaOH 催化水热处理竹颗粒的木质素含量略低,为

11.31%,其他条件处理下催化剂浓度对竹颗粒木质素含量的影响不大,不同种类催化剂处理的竹颗粒的半纤维素含量也只是略有差别。120℃、0.5%H₂SO₄催化水热处理的竹颗粒的纤维素含量最高,其次为160℃、0.5%Na₂SiO₃催化处理结果;160℃、1%NaOH催化处理的竹颗粒的纤维素含量最低。无论是催化剂浓度还是种类,对竹颗粒灰分含量的影响都不大,测试结果中灰分含量不同是由竹颗粒总体质量变化导致的。

表 12.1　催化剂处理后竹颗粒的主要成分

| 处理方式 | 蛋白质、糖类等 /% | 半纤维素 /% | 纤维素 /% | 木质素 /% | 灰分 /% |
|---|---|---|---|---|---|
| 水热 160℃、2%NaOH 催化 | 20.80 | 16.20 | 47.70 | 15.00 | 0.30 |
| 水热 160℃、1%NaOH 催化 | 37.63 | 12.68 | 38.19 | 11.31 | 0.20 |
| 水热 160℃、0.5%NaOH 催化 | 27.97 | 18.31 | 38.53 | 14.39 | 0.80 |
| 水热 160℃、2%Na₂SiO₃ 催化 | 16.83 | 17.23 | 50.05 | 15.19 | 0.69 |
| 水热 160℃、1%Na₂SiO₃ 催化 | 13.28 | 23.74 | 46.72 | 15.86 | 0.40 |
| 水热 160℃、0.5% Na₂SiO₃ 催化 | 11.55 | 21.12 | 51.71 | 15.42 | 0.20 |
| 水热 160℃、2%Na₂CO₃ 催化 | 25.60 | 16.00 | 39.04 | 18.36 | 1.00 |
| 水热 160℃、1%Na₂CO₃ 催化 | 19.14 | 19.91 | 41.49 | 18.66 | 0.80 |
| 水热 160℃、0.5% Na₂CO₃ 催化 | 19.73 | 20.26 | 41.22 | 18.59 | 0.20 |
| 水热 160℃、2%K₂CO₃ 催化 | 25.46 | 15.29 | 40.39 | 17.86 | 1.00 |
| 水热 160℃、1%K₂CO₃ 催化 | 18.32 | 18.57 | 44.74 | 17.60 | 0.76 |
| 水热 160℃、0.5%K₂CO₃ 催化 | 18.12 | 19.45 | 44.90 | 17.34 | 0.18 |
| 水热 120℃、0.5% H₂SO₄ 催化 | 14.17 | 7.58 | 62.87 | 14.97 | 0.40 |

### 12.2.3　催化剂对竹颗粒增强 PVC 基复合材料微观结构的影响

图 12.2 反映了催化剂存在条件下水热处理竹颗粒后，其增强 PVC 基复合材料的微观结构。

在添加催化剂的情况下，水热处理后，竹颗粒与 PVC 基体的相容性明显改善，竹

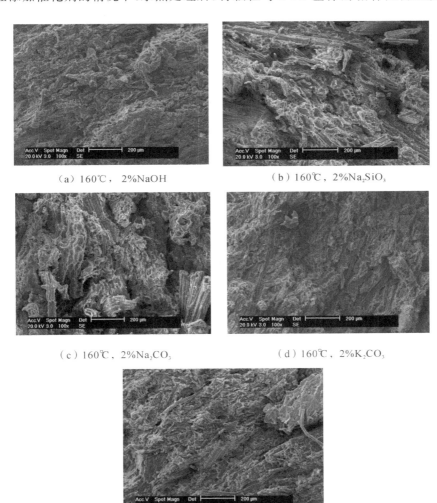

（a）160℃，2%NaOH　　　　　　（b）160℃，2%Na₂SiO₃

（c）160℃，2%Na₂CO₃　　　　　　（d）160℃，2%K₂CO₃

（e）120℃，0.5%H₂SO₄

图 12.2　催化水热处理竹颗粒后其增强 PVC 基复合材料的微观结构

颗粒在 PVC 基体中的分散更为均匀。相对硅酸钠和碳酸钠,氢氧化钠的碱性更强,在水热条件下其对竹颗粒中半纤维素等物质的去除效果最为明显,同时对纤维的降解作用也更显著,因而复合材料中纤维组分的尺寸相对硅酸钠和碳酸钠处理的更小。在水热条件下,硫酸使竹颗粒中纤维素、半纤维素等物质被降解,因而复合材料中各相间尺寸的差异小于硅酸钠和碳酸钠处理结果。

## 12.2.4　竹颗粒增强 PVC 基复合材料的热特性

采用差示扫描量热法对竹颗粒增强 PVC 基复合材料的热特性进行分析,DSC 特性参数如表 12.2 所示。

表 12.2　催化水热处理竹颗粒后其增强 PVC 基复合材料的 DSC 特性参数

| 处理方式 | $T_m$ /℃ | $\Delta H_m$ /(J·g$^{-1}$) | $T_c$ /℃ | $T_m - T_c$ /℃ | $H$ /(mW·mg$^{-1}$) |
|---|---|---|---|---|---|
| 水热 160℃、2%NaOH 催化 | 160.9 | 20.09 | 155.3 | 5.6 | 2.336 |
| 水热 160℃、1%NaOH 催化 | 158.9 | 46.17 | 151.5 | 7.4 | 2.431 |
| 水热 160℃、0.5%NaOH 催化 | 189.2 | 112.80 | 186.3 | 2.9 | 3.965 |
| 水热 160℃、2%Na$_2$SiO$_3$ 催化 | 190.3 | 257.20 | 185.3 | 5.0 | 2.005 |
| 水热 160℃、1%Na$_2$SiO$_3$ 催化 | 208.9 | 221.10 | 205.7 | 3.2 | 1.625 |
| 水热 160℃、0.5% Na$_2$SiO$_3$ 催化 | 168.0 | 221.50 | 162.6 | 5.4 | 1.792 |
| 水热 160℃、2%Na$_2$CO$_3$ 催化 | 195.1 | 166.20 | 191.7 | 3.4 | 1.981 |
| 水热 160℃、1%Na$_2$CO$_3$ 催化 | 193.6 | 246.90 | 190.6 | 3.0 | 3.490 |
| 水热 160℃、0.5% Na$_2$CO$_3$ 催化 | 193.8 | 67.80 | 188.6 | 5.2 | 2.717 |
| 水热 160℃、2%K$_2$CO$_3$ 催化 | 164.5 | 97.51 | 158.9 | 5.6 | 1.871 |
| 水热 160℃、1%K$_2$CO$_3$ 催化 | 193.8 | 151.20 | 190.3 | 3.5 | 1.396 |
| 水热 160℃、0.5%K$_2$CO$_3$ 催化 | 193.9 | 121.37 | 186.6 | 5.5 | 2.734 |

采用不同浓度催化剂水热处理竹颗粒后,其增强 PVC 基复合材料的 DSC 曲线峰值温度存在差异,160℃、1% Na$_2$SiO$_3$ 催化水热处理竹颗粒后,其增强 PVC 基复合材

料的 DSC 曲线峰值温度高于其他催化剂处理结果。不同浓度催化剂水热处理竹颗粒后,其增强 PVC 基复合材料的热熔存在差异,160℃、2% $Na_2SiO_3$ 催化水热处理竹颗粒后,其增强 PVC 基复合材料的热熔高于其他催化剂处理结果。而 160℃、1% NaOH 催化水热处理竹颗粒后,其增强 PVC 基复合材料的 DSC 曲线的温度峰值较宽;160℃、0.5% NaOH 催化水热处理竹颗粒后,其增强 PVC 基复合材料的 DSC 曲线的峰高高于其他催化剂处理结果。相同浓度不同种类催化剂处理的复合材料的温度峰值、热熔、峰宽和峰高同样存在差异。因此,催化剂浓度对复合材料热特性影响显著,相同浓度下催化剂的种类对复合材料的热特性也有显著的影响。

## 12.2.5　催化剂对竹颗粒增强 PVC 基复合材料孔隙率的影响

图 12.3 显示了催化水热处理竹颗粒后,其增强 PVC 基复合材料的孔隙率。

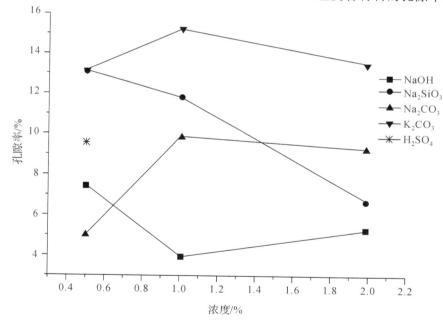

图 12.3　催化水热处理竹颗粒后其增强 PVC 基复合材料的孔隙率

注:氢氧化钠、硅酸钠、碳酸钠、碳酸钾曲线为 160℃ 下不同浓度的催化结果,硫酸曲线为 120℃ 下 0.5% 浓度的催化结果。

采用氢氧化钠作为催化剂时,在160℃水热处理条件下,随着催化剂浓度的增加,竹颗粒增强PVC基复合材料的孔隙率先减小后增大,该趋势与处理后竹颗粒的半纤维素和木质素的变化趋势相同。随着半纤维素和木质素的去除,加工过程中软化的PVC基体逐渐进入竹颗粒的孔隙中,因而复合材料的孔隙率随着半纤维素和木质素的去除而逐渐减小。同时,由于氢氧化钠对竹颗粒中半纤维素和木质素的去除效果最好,因而氢氧化钠处理后复合材料的孔隙率相对较小。随着氢氧化钠浓度不断增加,部分半纤维素和木质素去除后形成的微孔增多,因而复合材料的孔隙率反而增大。

采用硅酸钠作为催化剂时,在160℃水热处理条件下,随着催化剂浓度的增加,竹颗粒增强PVC基复合材料的孔隙率逐渐减小,该趋势与处理后竹颗粒半纤维素和木质素的变化趋势略有不同。一方面,部分半纤维素和木质素被硅酸钠催化水热处理去除;另一方面,硅化物的存在,使得纤维素发生交联反映,因而复合材料的孔隙率逐渐减小。

采用碳酸钠和碳酸钾作为催化剂时,在160℃水热处理条件下,随着催化剂浓度的增加,竹颗粒增强PVC基复合材料的孔隙率呈现先增加后减小的趋势。

由于硫酸对竹颗粒具有降解作用,因而相对未处理的复合材料,其孔隙率略有降低,尽管硫酸对半纤维素和木质素的去除效果较好,但由于纤维素的降解,竹颗粒与PVC基体的相容性改善效果不佳,因而复合材料的孔隙率未达到最小。

总的来说,催化剂种类和浓度对复合材料孔隙率的影响是显著的,通过比较发现,160℃、1%NaOH催化水热处理竹颗粒增强PVC基复合材料的孔隙率最小,约为3.9%;160℃、1%碳酸钾催化水热处理竹颗粒增强PVC基复合材料的孔隙率最大,约为17.0%。

## 12.2.6 催化剂对竹颗粒增强 PVC 基复合材料拉伸强度的影响

用氢氧化钠、硅酸钠、硫酸、碳酸钠、碳酸钾作为催化剂水热处理竹颗粒后,其增强PVC基复合材料的拉伸强度如表12.3所示。当催化剂为氢氧化钠、硅酸钠、碳酸钠、碳酸钾时,A代表处理条件为水热温度120℃,催化剂浓度2%;B代表处理条件为水热温度140℃,催化剂浓度2%;C代表处理条件为水热温度160℃,催化剂浓度2%;D代表处理条件为水热温度180℃,催化剂浓度2%;E代表处理条件为水热温度200℃,

催化剂浓度2%；F代表处理条件为水热温度140℃,催化剂浓度1%；G代表处理条件为水热温度160℃,催化剂浓度1%；H代表处理条件为水热温度140℃,催化剂浓度0.5%；I代表处理条件为水热温度160℃,催化剂浓度0.5%。当催化剂为硫酸时,A代表处理条件为水热温度120℃,催化剂浓度0.5%；B代表处理条件为水热温度140℃,催化剂浓度0.5%；C代表处理条件为水热温度160℃,催化剂浓度0.5%；D代表处理条件为水热温度180℃,催化剂浓度0.5%；E代表处理条件为水热温度200℃,催化剂浓度0.5%。本章以下各表格中A、B、C、D、E、F、G、H、I意义相同。

表12.3 催化水热处理竹颗粒后其增强PVC基复合材料的拉伸强度

| 催化条件 | 复合材料的拉伸强度/MPa | | | | |
| --- | --- | --- | --- | --- | --- |
| | 氢氧化钠催化 | 硅酸钠催化 | 碳酸钠催化 | 碳酸钾催化 | 硫酸催化 |
| A | 10.30±0.99a | 22.08±2.60 a | 16.35±0.43 a | 11.11±0.51 a | 7.47±0.07 a |
| B | 12.49±0.88 b | 23.36±0.89 a | 16.52±0.14 ab | 18.08±0.17 a | 5.65±0.29 b |
| C | 14.02±0.73 bc | 23.59±1.34 ab | 14.50±2.26 bc | 21.33±1.60 b | 5.37±1.41 b |
| D | 12.52±1.63 bc | 25.30±2.81 ab | 11.69±4.81 bc | 19.41±2.10 bc | 1.59±0.34 c |
| E | 11.92±2.60 cd | 26.98±4.69 abc | 10.80±0.68 bc | 4.85±0.42 cd | 1.31±0.06 c |
| F | 19.16±0.19 cd | 17.94±4.95 abc | 19.87±1.26 cd | 24.38±0.41 cd | |
| G | 15.68±0.90 cd | 19.31±2.91 bc | 20.59±3.34 cd | 25.21±0.23 d | |
| H | 15.68±1.73 bcd | 24.78±2.18 c | 16.42±0.06 d | 19.07±0.79 e | |
| I | 13.38±1.34 d | 22.38±4.19 cd | 14.35±2.00 d | 20.13±0.15 f | |

注:1.反应过程中竹颗粒的浴比为1:5,反应时间为30min。

2.数值后的字母(即a,b,c,d,e)相同表明在$P<0.05$下数据间的显著性水平无差异。

由表12.3可见,竹颗粒水热处理过程中催化剂种类、浓度及温度对复合材料的拉伸强度均有影响。总的来说,除硫酸作催化剂外,竹颗粒增强PVC基复合材料的拉伸强度随水热处理温度的增加呈现先增加后减小的趋势,催化剂浓度不同,相同处理温度下复合材料的拉伸强度差异较大。对氢氧化钠催化来说,当催化剂浓度为2%,水热处理温度达到160℃时,复合材料的拉伸强度达到极大值,为(14.02±0.73)MPa,略小于无催化水热处理复合材料拉伸强度的极大值,与2%浓度氢氧化钠常温处理竹颗粒增强PVC复合材料的拉伸强度接近。140℃下1%浓度氢氧化钠水热处理复合材料的拉伸强度大于140℃下2％和0.5％氢氧化钠的处理结果,与160℃下不同浓度氢氧化钠处理复合材料的拉伸强度变化趋势相同。这是因为氢氧化钠的添加促进了水热处理对半纤维素、木质素及果胶等物质的去除。温度较低时,对半纤维素等物质的去除不够;但温度过高时,氢氧化钠降低了纤维素的强度,因而2％浓度下,水热处理温度高于180℃时,复合材料的拉伸强度降低。当水热处理温度为140℃时,2％浓度氢氧化钠使得纤维素部分降解,0.5％浓度氢氧化钠对半纤维素等物质的去除不够,因而1％的氢氧化钠处理的复合材料的拉伸强度最大。

采用硅酸钠作为催化剂时,当催化剂浓度为2％,水热处理温度达到200℃时,复合材料的拉伸强度达到极大值,为(26.98±4.69)MPa,大于160℃时2％氢氧化钠水热处理的复合材料的拉伸强度。140℃下2％浓度硅酸钠水热处理复合材料的拉伸强度大于140℃下1％硅酸钠的处理结果,小于140℃下0.5％硅酸钠处理后的强度;而1％浓度硅酸钠160℃水热处理复合材料的拉伸强度小于160℃下2％硅酸钠的处理结果,大于160℃下0.5％硅酸钠的处理结果。由于硅酸钠呈现较强的碱性,采用硅酸钠作为催化剂的水热处理对半纤维素、木质素及果胶等物质具有与氢氧化钠相似的效果,但半纤维素等物质在同浓度的硅酸钠中的溶解度小于氢氧化钠,同时,纤维素在同浓度硅酸钠中的降解性远小于在氢氧化钠中的降解性。随着水热处理温度的增加,半纤维素等物质的去除程度增大,两者的相容性进一步改善。

采用碳酸钠作为催化剂时,当催化剂浓度为2％时,随着水热处理温度的增加,复合材料拉伸强度呈现先增加后减小的趋势,当水热处理温度达到140℃时复合材料的拉伸强度达到极大值,为(16.52±0.14)MPa。140℃下1％浓度碳酸钠水热处理复合材料的拉伸强度大于140℃下2％和0.5％碳酸钠的处理结果;160℃下1％浓度碳酸钠水热处理复合材料的拉伸强度大于160℃下2％和0.5％碳酸钠的处理结果。碳酸钠易溶于水,是一种强碱盐,采用碳酸钠作为催化剂的水热处理可溶解半纤维素、木质素及果胶等物质,随着水热处理温度的增加,半纤维素等物质的去除程度增大,两者的相容性进一步改善,因而复合材料的强度增加;但温度过高时,碳酸钠对纤维素降解作用增强,复合材料的拉伸强度降低。

当碳酸钾催化剂浓度为2％时,随着水热处理温度的增加,复合材料拉伸强度呈现先增加后减小的趋势,当水热处理温度达到160℃时复合材料的拉伸强度达到极大值,为(21.33±1.60)MPa。140℃下1％浓度碳酸钾水热处理复合材料的拉伸强度大于 140℃下 2%和 0.5%碳酸钾的处理结果;160℃下 1%浓度碳酸钾水热处理复合材料的拉伸强度大于 160℃下 2%和 0.5%碳酸钾的处理结果。碳酸钾碱性强于碳酸钠,但碳酸钾催化剂对温度的依赖性强于碳酸钠。在水热处理低温条件下,采用碳酸钾作为催化剂,对半纤维素、木质素及果胶等物质具有较好的去除作用。随着水热处理温度的增加,半纤维素等物质的去除程度增大,两者的相容性进一步改善,因而复合材料的强度逐渐增加;但温度过高时,由于碳酸钾碱性比碳酸钠更强,因而对纤维素降解作用更强,复合材料的拉伸强度低于相同条件的碳酸钠的处理结果。

硫酸作为生物质水热处理常用的催化剂,对纤维素的降解作用较为明显,因而复合材料的拉伸强度远低于氢氧化钠等催化剂处理结果。

总之,催化剂种类和浓度对竹颗粒增强 PVC 基复合材料的拉伸强度影响显著。通过比较发现,硅酸钠催化水热处理对复合材料拉伸强度的改善效果最为明显,200℃下浓度 2%的硅酸钠水热处理竹颗粒后,其增强 PVC 基复合材料的拉伸强度达到最大值,为(26.98±4.69)MPa。

## 12.2.7 催化剂对竹颗粒增强 PVC 基复合材料弹性模量的影响

用氢氧化钠、硅酸钠、硫酸、碳酸钠、碳酸钾作为催化剂水热处理竹颗粒后,其增强 PVC 基复合材料的弹性模量如表 12.4 所示。

当氢氧化钠催化剂浓度为 2%时,水热处理温度达到 160℃时复合材料的弹性模量达到极大值,为(4469.43±271.17)MPa。140℃下 1%浓度氢氧化钠水热处理复合材料的弹性模量大于 140℃下 2%和 0.5%氢氧化钠的处理结果;160℃下不同浓度氢氧化钠处理的复合材料弹性模量变化趋势相同,160℃下氢氧化钠浓度为 1%时复合材料的弹性模量达到极大值,为(4992.96±9.71)MPa。氢氧化钠改善了竹颗粒与 PVC 基体的相容性,因此复合材料的弹性模量提高,不同浓度催化剂和不同处理温度对竹颗粒的修饰作用存在差异,竹颗粒与 PVC 基体的相容性及两者的作用机制存在不同,因而复合材料的弹性模量存在不同。

当硅酸钠催化剂浓度为 2%时,水热处理温度达到 160℃时复合材料的弹性模量达到极大值,为(5811.73±60.66)MPa。140℃下 1%浓度硅酸钠水热处理复合材料的弹性模量大于 140℃下 2%和 0.5%硅酸钠的处理结果;160℃下不同浓度硅酸钠处理的复合材料弹性模量变化趋势略有差异,160℃下1%浓度硅酸钠水热处理复合材料处理的弹性模量大于0.5%浓度的处理结果,但小于2%浓度的处理结果。160℃下硅酸钠浓度为2%时复合材料的弹性模量达到极大值,为(5811.73±60.66)MPa。

**表 12.4　催化水热处理竹颗粒后其增强 PVC 基复合材料的弹性模量**

| 催化条件 | 复合材料的弹性模量/MPa | | | | |
|---|---|---|---|---|---|
| | 氢氧化钠催化 | 硅酸钠催化 | 碳酸钠催化 | 碳酸钾催化 | 硫酸催化 |
| A | 3580.35±277.87 a | 3356.54±313.16 a | 3449.48±353.65 a | 3690.71±280.24 a | 4985.33±44.14 a |
| B | 3524.61±253.95 ab | 3565.83±333.36 a | 4679.78±410.55 ab | 4061.01±502.89 ab | 3748.48±340.00 b |
| C | 4469.43±271.17 bc | 5811.73±60.66 b | 5694.22±266.48 abc | 6089.49±347.49 bc | 3678.16±545.54 b |
| D | 4380.98±446.92 bc | 4573.44±338.70 bc | 5521.97±462.03 bcd | 5944.42±352.54 bc | 2296.87±312.56 c |
| E | 3772.91±241.83 bcd | 2289.79±248.92 c | 5493.54±217.75 bcd | 2857.38±83.26 c | 1633.20±109.33 d |
| F | 4276.64±480.59 cd | 4002.83±301.17 c | 5103.63±248.87 bcd | 4460.78±661.80 cd | |
| G | 4992.96±9.71 de | 4235.63±988.63 c | 5056.13±107.99 cd | 5116.83±326.85 d | |
| H | 4126.18±140.40 e | 3486.48±355.98 c | 5093.47±445.21 d | 5217.06±560.63 d | |
| I | 4717.94±79.36 e | 3709.55±204.58 d | 4928.95±311.70 e | 5161.86±786.90 e | |

注:1. 反应过程中竹颗粒的浴比为 1:5,反应时间为 30min。

2. 数值后的字母(即 a,b,c,d,e)相同表明在 $P<0.05$ 下数据间的显著性水平无差异。

当碳酸钠催化剂浓度为2%时,水热处理温度达到160℃时复合材料的弹性模量达到极大值,为(5694.22±266.48)MPa。140℃下1%浓度碳酸钠水热处理复合材料的弹性模量大于140℃下2%和0.5%碳酸钠的处理结果;160℃下1%浓度碳酸钠水热复合材料的弹性模量小于160℃下2%浓度碳酸钠水热处理结果,160℃下大于0.5%浓度碳酸钠水热处理结果。160℃下2%浓度碳酸钠水热处理复合材料的弹性模量达到极大值。

当碳酸钾催化剂浓度为2%时,水热处理温度达到160℃时复合材料的弹性模量达到极大值,为(6089.49±347.49)MPa。140℃下1%浓度碳酸钾水热处理复合材料的弹性模量大于140℃下2%碳酸钾的处理结果,小于140℃下0.5%碳酸钾的处理结果;160℃下1%浓度碳酸钾水热处理复合材料的弹性模量小于2%和0.5%浓度碳酸钾160℃水热处理结果。160℃下2%浓度碳酸钾水热处理复合材料的弹性模量达到极大值。

随着水热处理温度的增加,硫酸催化水热处理竹颗粒增强 PVC 基复合材料的弹性模量逐渐减小,120℃下 0.5%浓度硫酸水热处理复合材料的弹性模量为(4985.33±44.14)MPa。

总之,催化剂种类和浓度对竹颗粒增强 PVC 基复合材料的弹性模量影响显著。通过比较发现,碳酸钠和碳酸钾催化水热处理对复合材料弹性模量的改善效果较为明显,160℃下催化剂浓度 2%的碳酸钾水热处理竹颗粒后,其增强 PVC 基复合材料的弹性模量达到最大值,为(6089.49±347.49)MPa。

## 12.2.8 催化剂对竹颗粒增强 PVC 基复合材料静曲强度的影响

用氢氧化钠、硅酸钠、碳酸钠、碳酸钾、硫酸作为催化剂水热处理竹颗粒后,其增强 PVC 基复合材料的静曲强度如表 12.5 所示。

当氢氧化钠催化剂浓度为 2%时,水热处理温度达到 180℃时复合材料的静曲强度达到极大值,为(32.50±5.53)MPa。140℃下 1%浓度氢氧化钠水热处理复合材料的静曲强度大于 140℃下 2%和 0.5%氢氧化钠的处理结果;160℃下不同浓度氢氧化钠处理的复合材料静曲强度变化趋势相同。160℃下 1%浓度氢氧化钠水热处理复合材料的静曲强度达到极大值,为(49.99±6.81)MPa。

当硅酸钠催化剂浓度为 2%时,水热处理温度达到 180℃时复合材料的静曲强度达到极大值,为(50.06±3.07)MPa。140℃下 1%浓度硅酸钠水热处理复合材料的静曲强度小于 140℃下 2%和 0.5%硅酸钠的处理结果;160℃下 1%浓度硅酸钠处理的复合材料静曲强度小于 2%浓度硅酸钠处理结果,大于 0.5%硅酸钠处理结果。

当碳酸钠催化剂浓度为 2%时,水热处理温度达到 160℃时复合材料的静曲强度达到极大值,为(45.05±3.27)MPa。140℃下 1%浓度碳酸钠水热处理复合材料的静曲强度大于 140℃下 2%和 0.5%碳酸钠的处理结果;160℃下 1%浓度碳酸钠水热处理复合材料的静曲强度小于 160℃下 2%浓度碳酸钠水热处理结果,大于 160℃下 0.5%浓度碳酸钠水热处理结果。160℃下 1%浓度碳酸钠复合材料的静曲强度达到极大值,为(50.02±2.38)MPa。

当碳酸钾催化剂浓度为2％时,水热处理温度达到160℃时复合材料的静曲强度达到极大值,为(52.16±2.54)MPa。140℃下1％浓度碳酸钾水热处理复合材料的静曲强度大于140℃下2％和0.5％碳酸钾的处理结果;160℃下1％浓度碳酸钾水热处理复合材料的静曲强度小于160℃下2％碳酸钾水热处理结果,大于160℃下0.5％碳酸钾水热处理结果。160℃下2％浓度碳酸钾复合材料的静曲强度达到极大值。

随着水热处理温度的增加,硫酸催化水热处理竹颗粒增强PVC基复合材料的静曲强度逐渐减小,120℃下0.5％浓度硫酸水热处理复合材料的静曲强度为(25.76±1.52)MPa。

表12.5 催化水热处理竹颗粒后其增强PVC基复合材料的静曲强度

| 催化条件 | 复合材料的静曲强度/％ | | | | |
|---|---|---|---|---|---|
| | 氢氧化钠催化 | 硅酸钠催化 | 碳酸钠催化 | 碳酸钾催化 | 硫酸催化 |
| A | 30.10±2.55 a | 37.20±2.68 a | 41.99±3.51 a | 36.34±1.89 a | 25.76±1.52 a |
| B | 22.68±4.08 a | 42.18±3.16 b | 36.47±5.16 ab | 38.67±1.96 ab | 19.37±3.04 b |
| C | 29.01±0.08 a | 38.01±3.82 bc | 45.05±3.27 bc | 52.16±2.54 ab | 17.24±1.65 bc |
| D | 32.50±5.53 a | 50.06±3.07 bcd | 41.64±0.81 bc | 41.98±3.93 bc | 15.46±1.05 c |
| E | 30.74±0.91 b | 40.06±1.39 cd | 44.19±2.31 bc | 36.89±4.36 bc | 7.80±1.12 d |
| F | 45.65±1.13 b | 31.16±2.35 cd | 50.02±2.38 bc | 42.52±8.14 bc | |
| G | 49.99±6.81 b | 35.54±2.21 de | 44.33±1.69 c | 45.33±2.35 bc | |
| H | 44.61±4.17 bc | 36.63±1.25 de | 46.63±3.35 cd | 42.17±4.39 c | |
| I | 48.17±1.65 c | 34.34±0.63 e | 41.10±1.27 d | 44.86±3.90 c | |

注:1.反应过程中竹颗粒的浴比为1:5,反应时间为30min。

2.数值后的字母(即a,b,c,d,e)相同表明在$P<0.05$下数据间的显著性水平无差异。

总之,催化剂种类和浓度对竹颗粒增强PVC基复合材料的静曲强度影响显著。通过比较发现,碳酸钠和碳酸钾催化水热处理对复合材料静曲强度的改善效果较为明显,160℃下催化剂浓度2％的碳酸钾水热处理竹颗粒后,其增强PVC基复合材料的静曲强度达到最大值,为(52.16±2.54)MPa。

## 12.2.9　催化剂对竹颗粒增强 PVC 基复合材料拉伸断裂伸长率的影响

用氢氧化钠、硅酸钠、碳酸钠、碳酸钾、硫酸作为催化剂水热处理竹颗粒后，其增强 PVC 基复合材料的拉伸断裂伸长率如表 12.6 所示。

当氢氧化钠催化剂浓度为 2% 时，随着水热处理温度的增加，复合材料的拉伸断裂伸长率呈现先减小后增大的趋势。水热处理温度 140℃ 时复合材料的拉伸断裂伸长率达到 2% 浓度下的极小值，为 $(1.68\pm0.43)\%$；水热处理温度 180℃ 时复合材料的拉伸断裂伸长率达到 2% 浓度下的极大值，为 $(2.43\pm0.36)\%$。140℃ 下 1% 浓度氢氧化钠水热处理复合材料的拉伸断裂伸长率大于 140℃ 下 2% 和 0.5% 氢氧化钠的处理结果；160℃ 下不同浓度氢氧化钠处理的复合材料拉伸断裂伸长率变化趋势相同。140℃ 下 1% 浓度氢氧化钠复合材料的拉伸断裂伸长率达到极大值，为 $(3.59\pm0.18)\%$。

当硅酸钠催化剂浓度为 2% 时，随着水热处理温度的增加，复合材料的拉伸断裂伸长率呈现先增加后减小又增加的趋势。水热处理温度达到 160℃ 时复合材料的拉伸断裂伸长率达到 2% 浓度下的极小值，为 $(1.78\pm0.63)\%$；水热处理温度达到 200℃ 时复合材料的拉伸断裂伸长率达到 2% 浓度下的极大值，为 $(3.88\pm0.72)\%$。140℃ 下 1% 浓度硅酸钠水热处理复合材料的拉伸断裂伸长率小于 140℃ 下 2% 和 0.5% 硅酸钠的处理结果；160℃ 下 1% 浓度硅酸钠处理的复合材料拉伸断裂伸长率大于 2% 和 0.5% 浓度硅酸钠的处理结果。200℃ 下氢氧化钠浓度为 2% 时复合材料的拉伸断裂伸长率达到最大值，为 $(3.88\pm0.72)\%$。

表 12.6　催化水热处理竹颗粒后其增强 PVC 基复合材料的拉伸断裂伸长率

| 处理方式 | 复合材料拉的伸断裂伸长率/% | | | | |
| --- | --- | --- | --- | --- | --- |
| | 氢氧化钠催化 | 硅酸钠催化 | 碳酸钠催化 | 碳酸钾催化 | 硫酸催化 |
| A | $1.79\pm0.50$ a | $2.38\pm0.43$ a | $3.21\pm0.58$ a | $2.89\pm0.60$ a | $1.65\pm0.25$ a |
| B | $1.68\pm0.43$ ab | $3.16\pm0.00$ a | $4.41\pm0.03$ a | $3.44\pm0.28$ ab | $1.62\pm0.18$ a |
| C | $1.90\pm0.15$ bc | $1.78\pm0.63$ b | $2.62\pm0.31$ ab | $4.34\pm0.39$ ab | $1.50\pm0.05$ a |

续表

| 处理方式 | 复合材料拉的伸断裂伸长率/% | | | | |
|---|---|---|---|---|---|
| | 氢氧化钠催化 | 硅酸钠催化 | 碳酸钠催化 | 碳酸钾催化 | 硫酸催化 |
| D | 2.43±0.36 bc | 2.52±0.23 bc | 2.35±0.61 b | 3.29±0.99 ab | 1.46±0.22 a |
| E | 2.38±0.48 bc | 3.88±0.72 bcd | 2.37±0.20 b | 2.89±0.53 ab | 0.49±0.09 b |
| F | 3.59±0.18 c | 1.91±0.16 cde | 3.83±0.06 bc | 3.57±0.30 ab | |
| G | 2.50±0.46 c | 2.63±0.20 cde | 4.28±0.20 cd | 3.78±0.59 ab | |
| H | 3.34±1.03 c | 3.84±0.31 de | 3.53±0.84 d | 3.32±0.89 b | |
| I | 2.27±0.63 c | 2.01±0.05 e | 3.36±0.30 d | 3.59±0.69 b | |

注:1.反应过程中竹颗粒的浴比为1:5,反应时间为30min。

2.数值后的字母(即a,b,c,d,e)相同表明在 $P<0.05$ 下数据间的显著性水平无差异。

当碳酸钠催化剂浓度为2%时,随着水热处理温度的增加,复合材料的拉伸断裂伸长率呈现先增加后减小又略增加的趋势。水热处理温度达到140℃时复合材料的拉伸断裂伸长率达到2%浓度下的极大值,为(4.41±0.03)%;180℃时复合材料的拉伸断裂伸长率达到2%浓度下的极小值,为(2.35±0.61)%。140℃水热处理温度下,随着碳酸钠浓度的增加,复合材料的拉伸断裂伸长率逐渐增加。160℃下1%浓度碳酸钠水热处理复合材料的拉伸断裂伸长率大于160℃下2%和0.5%浓度碳酸钠水热处理结果。

当碳酸钾催化剂浓度为2%时,随着水热处理温度的增加,复合材料的拉伸断裂伸长率呈现先增加后减小的趋势。水热处理温度达到160℃时复合材料的拉伸断裂伸长率达到最大值,为(4.34±0.39)%。140℃下1%浓度碳酸钾水热处理复合材料的拉伸断裂伸长率大于140℃下2%和0.5%碳酸钾的处理结果。160℃水热处理时,随着浓度的增加,复合材料的拉伸断裂伸长率呈现逐渐增大的趋势。

随着水热处理温度的增加,硫酸催化水热处理竹颗粒增强PVC基复合材料的拉伸断裂伸长率逐渐减小,120℃下0.5%硫酸水热处理复合材料的拉伸断裂伸长率为(1.65±0.25)%。

总之,催化剂种类和浓度对竹颗粒增强PVC基复合材料的拉伸断裂伸长率影响显著。通过比较发现,碳酸钠和碳酸钾催化水热处理对复合材料拉伸断裂伸长率的改善效果较为明显,140℃下浓度2%的碳酸钠水热处理竹颗粒后,其增强PVC基复合材料的拉伸断裂伸长率达到最大值,为(4.41±0.03)%。

## 12.2.10 催化剂对竹颗粒增强PVC基复合材料弯曲最大变形率的影响

用氢氧化钠、硅酸钠、碳酸钠、碳酸钾、硫酸作为催化剂水热处理竹颗粒后,其增强PVC基复合材料的弯曲最大变形率如表12.7所示。

当氢氧化钠催化剂浓度为2%时,随着水热处理温度的增加,复合材料的弯曲最大变形率总体上呈现先增大后减小的趋势。水热处理温度160℃时复合材料的弯曲最大变形率达到2%浓度下的极大值,为(91.92±2.79)%。140℃下1%浓度氢氧化钠水热处理复合材料的弯曲最大变形率与0.5%氢氧化钠的处理结果接近,都大于2%氢氧化钠处理结果;160℃下1%浓度氢氧化钠水热处理复合材料的弯曲最大变形率与0.5%氢氧化钠的处理结果接近,都小于2%氢氧化钠处理结果。

当硅酸钠催化剂浓度为2%时,水热处理温度达到200℃时复合材料的弯曲最大变形率达到2%浓度下的极大值,为(63.26±5.66)%。140℃下2%浓度硅酸钠水热处理复合材料的弯曲最大变形率大于2%和0.5%硅酸钠的处理结果;160℃下1%浓度硅酸钠处理的复合材料弯曲最大变形率大于2%和0.5%浓度硅酸钠处理结果。

当碳酸钠催化剂浓度为2%时,随着水热处理温度的增加,复合材料的弯曲最大变形率呈现先减小后增加的趋势。水热处理温度达到200℃时复合材料的弯曲最大变形率达到2%浓度下的极大值,为(58.83±2.08)%;160℃时复合材料的弯曲最大变形率达到2%浓度下的极小值,为(40.87±6.26)%。140℃下不同浓度碳酸钠催化水热处理的复合材料的弯曲最大变形率基本不变;160℃下1%浓度碳酸钠水热处理复合材料的弯曲最大变形率大于2%和0.5%浓度碳酸钠处理结果。

当碳酸钾催化剂浓度为2%时,随着水热处理温度的增加,复合材料的弯曲最大变形率呈现先增加后减小的趋势。水热处理温度达到160℃时复合材料的弯曲最大变形率达到2%浓度下的极大值,为(51.15±5.61)%。140℃下1%浓度碳酸钾水热处理复合材料的弯曲最大变形率大于2%和0.5%碳酸钾的处理结果;160℃下1%浓度碳酸钾水热处理复合材料的弯曲最大变形率大于2%和0.5%碳酸钾的处理结果。

表 12.7 催化水热处理竹颗粒后其增强PVC基复合材料的弯曲最大变形率

| 处理方式 | 复合材料的弯曲最大变形率/% | | | | |
|---|---|---|---|---|---|
| | 氢氧化钠催化 | 硅酸钠催化 | 碳酸钠催化 | 碳酸钾催化 | 硫酸催化 |
| A | $50.55\pm2.08$ a | $40.00\pm2.88$ a | $56.57\pm0.34$ a | $44.13\pm4.49$ a | $31.98\pm4.27$ a |
| B | $46.83\pm6.79$ b | $59.45\pm2.59$ ab | $47.19\pm2.81$ ab | $45.48\pm1.96$ ab | $30.80\pm0.17$ a |
| C | $91.92\pm2.79$ b | $58.44\pm4.52$ ab | $40.87\pm6.26$ abc | $51.15\pm5.61$ ab | $26.17\pm3.39$ b |
| D | $61.74\pm3.23$ b | $42.77\pm1.26$ bc | $53.03\pm5.86$ bcd | $50.37\pm2.27$ ab | $12.91\pm1.38$ c |
| E | $66.23\pm3.32$ b | $63.26\pm5.66$ cd | $58.83\pm2.08$ bcd | $50.02\pm6.88$ ab | $8.02\pm0.47$ d |
| F | $61.00\pm2.46$ c | $53.16\pm2.80$ cd | $47.51\pm1.97$ cd | $49.69\pm7.74$ ab | |
| G | $48.11\pm4.63$ c | $49.80\pm6.53$ de | $45.98\pm5.26$ cd | $52.83\pm4.86$ ab | |
| H | $62.41\pm7.31$ c | $49.61\pm5.06$ de | $46.43\pm13.23$ cd | $47.34\pm4.24$ ab | |
| I | $49.10\pm0.18$ c | $42.82\pm1.56$ e | $43.75\pm0.89$ d | $49.58\pm8.21$ b | |

注:1. 反应过程中竹颗粒的浴比为 1:5,反应时间为 30min。

2. 数值后的字母(即 a,b,c,d,e)相同表明在 $P<0.05$ 下数据间的显著性水平无差异。

随着水热处理温度的增加,硫酸催化水热处理竹颗粒增强 PVC 基复合材料的弯曲最大变形率逐渐减小,120℃下 0.5% 硫酸水热处理复合材料的弯曲最大变形率为 $(31.98\pm4.27)$%。

总之,催化剂种类和浓度对竹颗粒增强 PVC 基复合材料的弯曲最大变形率影响显著。通过比较发现,氢氧化钠催化水热处理对复合材料弯曲最大变形率的改善效果最为明显,160℃下浓度 2% 的氢氧化钠水热处理竹颗粒后,其增强 PVC 基复合材料的弯曲最大变形率达到最大值,为$(91.92\pm2.79)$%。

## 12.2.11 催化剂对竹颗粒增强 PVC 基复合材料吸水率的影响

用氢氧化钠、硅酸钠、碳酸钠、碳酸钾、硫酸作为催化剂水热处理竹颗粒后,其增强 PVC 基复合材料的 2h 吸水率和 24h 吸水率分别如表 12.8 和表 12.9 所示。

**表 12.8　催化水热处理竹颗粒后其增强 PVC 基复合材料的 2h 吸水率**

| 处理方式 | 复合材料的 2h 吸水率/% | | | | |
|---|---|---|---|---|---|
| | 氢氧化钠催化 | 硅酸钠催化 | 碳酸钠催化 | 碳酸钾催化 | 硫酸催化 |
| A | 3.48±0.38 a | 3.40±0.22 a | 7.28±0.70 a | 5.75±0.96 a | 1.61±0.07 a |
| B | 9.47±0.70 ab | 2.45±0.04 b | 9.20±0.11 a | 5.87±2.81 ab | 2.16±0.50 b |
| C | 8.73±1.53 b | 5.04±0.23 c | 9.47±0.09 b | 3.36±0.41 abc | 4.83±0.23 c |
| D | 7.11±0.88 b | 2.95±0.28 d | 4.47±0.91 c | 3.77±0.26 bc | 3.44±0.30 d |
| E | 4.74±0.86 c | 2.75±0.09 d | 4.47±0.15 c | 2.72±0.25 bc | 1.62±0.29 d |
| F | 2.69±0.07 c | 3.78±0.30 d | 4.89±0.31 c | 4.08±0.12 bc | |
| G | 2.34±0.59 cd | 1.85±0.06 e | 4.60±0.63 c | 4.10±0.13 c | |
| H | 4.71±1.23 d | 1.90±0.00 f | 5.19±0.61 c | 4.19±0.39 c | |
| I | 7.37±0.16 d | 2.98±0.26 f | 5.17±0.79 c | 4.17±0.21 c | |

注:1. 反应过程中竹颗粒的浴比为 1:5,反应时间为 30min。

2. 数值后的字母(即 a,b,c,d,e)相同表明在 $P<0.05$ 下数据间的显著性水平无差异。

由表 12.8 可见,氢氧化钠浓度为 2% 时,随着处理温度的增加,复合材料 2h 吸水率呈现先增加后减小的趋势。140℃时随着氢氧化钠浓度的增加,复合材料的 2h 吸水率先减小后增加;160℃时复合材料 2h 吸水率随氢氧化钠浓度的变化呈现相同的规律。160℃下 1% 浓度氢氧化钠水热处理复合材料的 2h 吸水率达到极小值,为(2.34±0.59)%。

硅酸钠浓度为 2% 时,随着处理温度的增加,复合材料 2h 吸水率呈现先减小后增加再减小的趋势。140℃时随着硅酸钠浓度的增加,复合材料 2h 吸水率先增加后减小;160℃时随着硅酸钠浓度的增加复合材料 2h 吸水率先减小后增加。160℃下 1% 浓度硅酸钠水热处理复合材料的 2h 吸水率达到极小值,为(1.85±0.06)%。

碳酸钠浓度为 2% 时,随着处理温度的增加,复合材料 2h 吸水率呈现先增加后减小的趋势。140℃时随着碳酸钠浓度的增加,复合材料 2h 吸水率先减小后增加;160℃时复合材料的 2h 吸水率随碳酸钠浓度的变化呈现相同的规律。

碳酸钾浓度为 2% 时,随着处理温度的增加,复合材料 2h 吸水率呈现增加—减小—增加—减小的趋势。200℃时复合材料的 2h 吸水率达到 2% 浓度下的极小值,为

(2.72±0.25)%。140℃时随着碳酸钾浓度的增加,复合材料的2h吸水率先减小后增加;160℃时复合材料的2h吸水率随浓度的增加逐渐减小。

随着处理温度的增加,0.5%硫酸催化水热处理复合材料的2h吸水率呈现先增加后减小的趋势。

总之,催化剂种类和浓度竹颗粒增强PVC基复合材料的2h吸水率影响显著。通过比较发现,硫酸催化水热处理对复合材料2h吸水率的改善效果最为明显,120℃下浓度0.5%的硫酸水热处理竹颗粒后,其增强PVC基复合材料的2h吸水率达到最小值,为(1.61±0.07)%。

表12.9 催化水热处理竹颗粒后其增强PVC基复合材料的24h吸水率

| 处理方式 | 复合材料的24h吸水率/% | | | | |
| --- | --- | --- | --- | --- | --- |
| | 氢氧化钠催化 | 硅酸钠催化 | 碳酸钠催化 | 碳酸钾催化 | 硫酸催化 |
| A | 11.33±1.43 a | 3.84±0.07 a | 11.54±1.04 a | 9.62±1.01 a | 6.24±0.25 a |
| B | 16.03±1.56 a | 5.19±0.50 a | 18.01±2.03 b | 11.81±0.38 b | 5.19±0.48 b |
| C | 16.44±0.62 a | 3.57±0.08 b | 10.16±0.36 bc | 7.87±0.71 c | 11.17±0.50 b |
| D | 14.54±3.01 a | 3.43±0.50 b | 8.31±0.55 cd | 7.92±0.09 c | 6.77±0.50 c |
| E | 9.05±0.91 b | 4.60±0.32 d | 8.92±0.19 cd | 5.64±0.10 c | 3.98±0.40 d |
| F | 7.17±0.07 b | 6.47±0.36 d | 9.21±0.28 cd | 8.21±0.72 c | |
| G | 5.84±1.48 bc | 4.05±0.47 de | 9.35±0.16 cd | 8.35±0.84 c | |
| H | 10.85±1.91 cd | 4.00±0.35 de | 9.52±1.02 cd | 8.02±0.48 c | |
| I | 15.62±2.27 d | 6.15±0.24 e | 9.56±0.59 d | 8.06±0.91 d | |

注:1.反应过程中竹颗粒的浴比为1:5,反应时间为30min。

2.数值后的字母(即a,b,c,d,e)相同表明在$P<0.05$下数据间的显著性水平无差异。

由表12.9可见,氢氧化钠浓度为2%时,随着处理温度的增加,复合材料的的24h吸水率呈现先增加后减小的趋势。140℃时随着氢氧化钠浓度的增加,复合材料的24h吸水率先减小后增加;160℃时复合材料24h吸水率随氢氧化钠浓度的变化呈现相同的规律。160℃下1%浓度氢氧化钠水热处理复合材料的24h吸水率达到极小值,为(5.84±1.48)%。

硅酸钠浓度为2%时,随着处理温度的增加,复合材料的24h吸水率呈现先增加后减小又增加的趋势。140℃时随着硅酸钠浓度的增加,复合材料的24h吸水率先增加后减小;160℃时随着硅酸钠浓度的增加,复合材料的24h吸水率逐渐减小。160℃下2%浓度硅酸钠水热处理复合材料的24h吸水率达到极小值,为(3.57±0.08)%。

碳酸钠浓度为2%时,随着处理温度的增加,复合材料的24h吸水率呈现先增加后减小又略增加的趋势。140℃时随着碳酸钠浓度的增加,复合材料的24h吸水率先减小后增加;160℃时复合材料的24h吸水率随碳酸钠浓度的变化呈现相同的规律。

碳酸钾浓度为2%时,随着处理温度的增加,复合材料的24h吸水率呈现逐渐减小的趋势。200℃时复合材料的24h吸水率达到2%浓度下的极小值,为(5.64±0.10)%。140℃时复合材料的24h吸水率随碳酸钾浓度的增加而逐渐增加;160℃时随着碳酸钾浓度的增加,复合材料的24h吸水率先增加后减小。

随着处理温度的增加,0.5%硫酸催化水热处理复合材料的24h吸水率呈现先减小后增加又减小的趋势。

总之,催化剂种类和浓度对竹颗粒增强PVC基复合材料的24h吸水率影响显著。通过比较发现,硫酸和硅酸钠催化水热处理对复合材料的24h吸水率的改善效果较为明显,180℃下浓度2%的硅酸钠水热处理竹颗粒后,其增强PVC基复合材料的24h吸水率达到最小值,为(3.43±0.50)%。

## 12.2.12 催化剂对竹颗粒增强PVC基复合材料厚度膨胀率的影响

用氢氧化钠、硅酸钠、碳酸钠、碳酸钾、硫酸作为催化剂水热处理竹颗粒后,其增强PVC基复合材料的2h厚度膨胀率和24h厚度膨胀率分别如表12.10和表12.11所示。

由表12.10可见,氢氧化钠浓度为2%时,随着处理温度的增加,复合材料的2h厚度膨胀率呈现先增加后减小的趋势。140℃时随着氢氧化钠浓度的增加,复合材料的2h厚度膨胀率先减小后增加;160℃时复合材料的2h厚度膨胀率随氢氧化钠浓度的变化呈现相同的规律。140℃下1%浓度氢氧化钠水热处理复合材料的2h厚度膨胀率达到极小值,为(1.29±0.41)%。

硅酸钠浓度为 2% 时,随着处理温度的增加,复合材料的 2h 厚度膨胀率呈现先减小后增加的趋势。140℃时随着硅酸钠浓度的增加,复合材料的 2h 厚度膨胀率先增加后减小;160℃时随着硅酸钠浓度的增加,复合材料的 2h 厚度膨胀率先减小后增加。140℃下 0.5% 浓度硅酸钠水热处理复合材料的 2h 厚度膨胀率达到极小值,为(0.52±0.15)%。

碳酸钠浓度为 2% 时,随着处理温度的增加,复合材料的 2h 厚度膨胀率总体上呈现先增加后减小的趋势。140℃时随着碳酸钠浓度的增加,复合材料 2h 厚度膨胀率先减小后增加;160℃时复合材料的 2h 厚度膨胀率随碳酸钠浓度的变化呈现相同的规律。160℃下 1% 浓度碳酸钠水热处理复合材料的 2h 厚度膨胀率达到极小值,为(1.95±0.23)%。

碳酸钾浓度为 2% 时,随着处理温度的增加,复合材料的 2h 厚度膨胀率呈现先增加后减小的趋势。200℃时复合材料的 2h 厚度膨胀率达到 2% 浓度下的极小值,为(1.65±0.32)%。140℃时随着碳酸钾浓度的增加,复合材料的 2h 厚度膨胀率先减小后增加;160℃时复合材料的 2h 厚度膨胀率随浓度变化的规律相同。

随着处理温度的增加,0.5% 硫酸催化水热处理复合材料的 2h 厚度膨胀率呈现先增加后减小又略增加的趋势。120℃下 0.5% 浓度硫酸水热处理复合材料的 2h 厚度膨胀率达到极小值,为(0.98±0.10)%。

总之,催化剂种类和浓度对竹颗粒增强 PVC 基复合材料的 2h 厚度膨胀率影响显著。通过比较发现,硫酸和硅酸钠催化水热处理对复合材料的 2h 厚度膨胀率的改善效果最为明显,140℃下浓度 0.5% 的硅酸钠水热处理竹颗粒后,其增强 PVC 基复合材料的 2h 厚度膨胀率达到最小值,为(0.52±0.15)%。

**表 12.10　催化水热处理竹颗粒后其增强 PVC 基复合材料的 2h 厚度膨胀率**

| 处理方式 | 复合材料的 2h 厚度膨胀率/% | | | | |
|---|---|---|---|---|---|
| | 氢氧化钠催化 | 硅酸钠催化 | 碳酸钠催化 | 碳酸钾催化 | 硫酸催化 |
| A | 4.08±0.48 a | 4.15±0.80 a | 3.12±0.26 a | 2.98±0.46 a | 0.98±0.10 a |
| B | 11.59±1.38 b | 1.33±0.25 a | 6.25±0.24 b | 3.67±0.11 b | 1.26±0.54 a |
| C | 5.69±0.34 bc | 4.04±0.53 b | 3.39±0.14 bc | 2.20±0.21 bc | 1.42±0.31 a |

| 处理方式 | 复合材料的2h厚度膨胀率/% | | | | |
|---|---|---|---|---|---|
| | 氢氧化钠催化 | 硅酸钠催化 | 碳酸钠催化 | 碳酸钾催化 | 硫酸催化 |
| D | 5.13±1.33 bcd | 1.15±0.48 bc | 2.79±0.44 cd | 2.04±0.24 cd | 1.40±0.15 a |
| E | 4.34±0.28 cd | 2.03±1.06 bc | 2.74±0.43 cd | 1.65±0.32 cde | 1.43±0.30 a |
| F | 1.29±0.41 de | 2.43±1.02 cd | 2.60±0.16 cd | 2.00±0.24 def | |
| G | 2.38±0.50 ef | 1.26±0.03 cd | 1.95±0.23 cd | 1.85±0.28 def | |
| H | 2.33±0.03 ef | 0.52±0.15 cd | 2.77±0.17 d | 2.38±0.04 ef | |
| I | 3.55±0.86 f | 1.51±0.34 d | 2.71±0.32 e | 2.63±0.32 f | |

注:1.反应过程中竹颗粒的浴比为1:5,反应时间为30min。

2.数值后的字母(即a,b,c,d,e)相同表明在$P<0.05$下数据间的显著性水平无差异。

由表12.11可见,氢氧化钠浓度为2%时,随着处理温度的增加,复合材料的24h厚度膨胀率呈现先增加后减小的趋势。140℃时随着氢氧化钠浓度的增加,复合材料的24h厚度膨胀率先减小后增加;160℃时复合材料的24h厚度膨胀率随氢氧化钠浓度的变化呈现相同规律。温度160℃、氢氧化钠浓度1%时复合材料的24h厚度膨胀率达到极小值,为(3.15±2.31)%。

硅酸钠浓度为2%时,随着处理温度的增加,复合材料的24h厚度膨胀率呈现先减小后增加又减小的趋势。140℃时随着硅酸钠浓度的增加,复合材料的24h厚度膨胀率先增加后减小;160℃时随着硅酸钠浓度的增加,复合材料的24h厚度膨胀率先减小后增加。温度160℃、硅酸钠浓度1%时复合材料的24h厚度膨胀率达到极小值,为(2.43±0.13)%。

碳酸钠浓度为2%时,随着处理温度的增加,复合材料的24h厚度膨胀率呈现先增加后减小又增加的趋势。140℃时随着碳酸钠浓度的增加,复合材料的24h厚度膨胀率先减小后增加;160℃时复合材料的24h厚度膨胀率随碳酸钠浓度的变化呈现相同的规律。温度160℃、碳酸钠浓度1%时复合材料24h厚度膨胀率达到极小值,为(3.82±0.07)%。

表 12.11　催化水热处理竹颗粒后其增强 PVC 基复合材料的 24h 厚度膨胀率

| 处理方式 | 复合材料的 24h 厚度膨胀率/% | | | | |
|---|---|---|---|---|---|
| | 氢氧化钠 | 硅酸钠 | 碳酸钠 | 碳酸钾 | 硫酸 |
| A | 12.78±1.49 a | 5.66±0.50 a | 5.70±0.79 a | 5.51±0.96 a | 4.06±1.34 a |
| B | 16.72±0.56 b | 4.07±0.38 b | 10.56±0.74 b | 9.06±0.23 b | 3.64±1.25 a |
| C | 10.56±0.38 b | 5.41±0.44 b | 6.60±0.03 c | 5.33±0.41 b | 3.26±0.93 ab |
| D | 10.12±3.54 b | 3.43±0.12 b | 4.07±0.56 cd | 5.26±0.34 b | 3.18±0.99 ab |
| E | 7.69±0.32 bc | 4.34±0.21 c | 4.26±0.32 cde | 3.97±0.15 c | 3.02±0.50 b |
| F | 3.75±0.04 cd | 6.22±0.24 c | 4.87±0.25 de | 4.14±0.17 c | |
| G | 3.15±2.31 de | 2.43±0.13 d | 3.82±0.07 ef | 3.67±0.17 c | |
| H | 4.91±0.73 e | 3.23±0.03 d | 5.24±0.62 f | 4.02±0.26 c | |
| I | 10.92±0.81 e | 5.21±0.34 e | 5.02±0.13 f | 4.19±0.33 c | |

注:1.反应过程中竹颗粒的浴比为 1:5,反应时间为 30min。

2.数值后的字母(即 a,b,c,d,e)相同表明在 $P<0.05$ 下数据间的显著性水平无差异。

　　碳酸钾浓度为 2% 时,随着处理温度的增加,复合材料的 24h 厚度膨胀率呈现先增加后减小的趋势。200℃时复合材料的 24h 厚度膨胀率达到 2% 浓度下的极小值,为(3.97±0.15)%。140℃时随着碳酸钾浓度的增加,复合材料的 24h 厚度膨胀率逐渐增加;160℃时随着碳酸钾浓度的增加,复合材料的 24h 厚度膨胀率先减小后增加。

　　随着处理温度的增加,0.5% 硫酸水热处理复合材料的 24h 厚度膨胀率呈现逐渐减小的趋势。温度 200℃、硫酸浓度 0.5% 时复合材料的 24h 厚度膨胀率达到极小值,为(3.02±0.50)%。

　　总之,催化剂种类和浓度对竹颗粒增强 PVC 基复合材料的 24h 厚度膨胀率影响显著。通过比较发现,硫酸和硅酸钠催化水热处理对复合材料的 24h 厚度膨胀率的改善效果较为明显,160℃下浓度 1% 的硅酸钠水热处理竹颗粒后,其增强 PVC 基复合材料的 24h 厚度膨胀率达到最小值,为(2.43±0.13)%。

# 12.3　总　结

采用催化水热处理对竹颗粒表面进行了修饰,分别研究了氢氧化钠、硅酸钠、碳酸钠、碳酸钾、硫酸等催化剂对竹颗粒的表面形态及组成成分的影响,对复合材料的微观结构、热特性、孔隙率、力学性能及耐水性进行了分析。结果发现:

(1)催化剂处理增加了竹颗粒纤维间的空隙,对半纤维素、木质素和果胶等物质具有去除作用。催化剂种类和浓度对竹颗粒成分的影响是显著的。160℃、0.5%的 $Na_2SiO_3$ 催化水热处理竹颗粒的蛋白质、糖类等物质的含量最低,为11.55%;120℃、0.5% $H_2SO_4$ 催化水热处理竹颗粒的半纤维素含量最低,为7.58%;160℃、1%NaOH 催化水热处理竹颗粒的木质素含量略低,为11.31%,其他条件处理下催化剂浓度对竹颗粒木质素含量的影响不大;120℃、0.5% $H_2SO_4$ 催化水热处理竹颗粒的纤维素含量最高。

(2)160℃、1%NaOH 催化水热处理竹颗粒增强 PVC 基复合材料的孔隙率最小,约为3.9%;160℃、1%碳酸钾催化水热处理竹颗粒增强 PVC 基复合材料的孔隙率最大,约为17%。

(3)催化剂种类和浓度对竹颗粒增强 PVC 基复合材料的力学性能影响显著。200℃下浓度2%的硅酸钠水热处理竹颗粒增强 PVC 基复合材料的拉伸强度达到最大值,为(26.98±4.69)MPa。160℃下浓度2%的碳酸钾水热处理竹颗粒增强 PVC 基复合材料的弹性模量和静曲强度达到最大值,分别为(6089.49±347.49)MPa 和(52.16±2.54)MPa。140℃下浓度2%的碳酸钠水热处理竹颗粒增强 PVC 基复合材料的拉伸断裂伸长率达到最大值,为(4.41±0.03)%。160℃下浓度2%的氢氧化钠水热处理竹颗粒增强 PVC 基复合材料的弯曲最大变形率达到最大值,为(91.92±2.79)%。

(4)催化剂种类和浓度对水热处理竹颗粒增强 PVC 基复合材料的吸水率和厚度膨胀率影响显著。120℃下浓度0.5%的硫酸水热处理竹颗粒增强 PVC 基复合材料的2h吸水率达到最小值,为(1.61±0.07)%。180℃下浓度2%的硅酸钠水热处理竹颗粒增强 PVC 基复合材料的24h吸水率达到最小值,为(3.43±0.50)%。140℃下浓度0.5%的硅酸钠水热处理竹颗粒增强 PVC 基复合材料的2h厚度膨胀率达到最小值,为(0.52±0.15)%。160℃下浓度1%的硅酸钠水热处理竹颗粒增强PVC基复合材料的24h厚度膨胀率达到最小值,为(2.43±0.13)%。

当前,利用水热技术进行生物质预处理在理论上已有了非常深入的研究,并已经在实际操作中得到应用,但该技术容易产生盐蚀、盐沉积现象,对设备要求高,因此技术上和设备还有待进一步研究改进。

# 13　微生物改性对竹纤维及竹塑复合材料的影响

对天然纤维素与高分子材料复合改性的研究,几乎都以化学、物理方法为主,而对用微生物改性方法的研究还比较少。

大量研究表明,合适的微生物种群能在短期内对简单的有机物质产生较强的分解作用,本实验正是利用这一原理设计微生物改性的方法,并选择有效微生物(effective microorganisms,EM)作为改性的微生物种群。EM 中含有好氧菌、兼氧菌和厌氧菌,和一般生物制剂相比,具有结构复杂、性能稳定的优势。

本实验利用微生物对竹纤维进行改性,探究了微生物处理时间对竹纤维成分、形貌及化学性质的影响。制备了竹纤维增强聚丙烯基(BF/PP)复合材料,并研究了微生物处理时间对竹塑复合材料的力学性能的影响。改性实验的结果及理论有望为天然纤维表面修饰提供无污染、低能耗的方法,为竹塑复合材料的利用提供一种创新途径。

## 13.1　竹纤维改性及复合材料制备

### 13.1.1　竹纤维改性

由于竹纤维中氮素含量低,不利于微生物作用,因此添加尿素作为微生物生长的补充氮原。按竹纤维干重的 2% 加入尿素,具体步骤为:先将尿素溶于 100 倍的清水中,待充分溶解后,用喷雾器泼洒,与竹纤维搅拌均匀后,再将竹纤维总含水量调节到 $40\%\sim50\%$,装入密闭容器中,在 $20\sim30℃$ 室温下放置 7d,然后取出竹纤维,喷洒质量比为 $0.2\%\sim0.4\%$ 的有效微生物菌液,混匀,在不密封的状态下分别发酵 7d、14d、21d 和 28d,再将竹纤维置于干燥窑中,于 $70\%\sim90℃$ 下干燥至含水量小于 3%,供实验用。

### 13.1.2　BF/PP复合材料的制备

按比例称取分别改性处理0d、7d、14d、21d和28d的竹纤维与聚丙烯(质量比分别为30∶70、40∶60),BF与PP的总质量为50g,再加入1g的聚乙二醇。将干燥好的竹纤维和聚丙烯按既定配比混合均匀后投入WLG10型双螺杆混炼机中混炼5min,腔板温度为195℃,转速为100r/min。随后降低转速至60r/min左右,打开出料开关,待腔内混料全部进入料筒后迅速取出料筒,放入WZS10D微型注塑成型机中注塑成型,注塑温度195℃,注塑压力4~5MPa,模具温度40℃,保压时间10s。待自然冷却至室温后取出样品BF/PP(30∶70)和样品BF/PP(40∶60)放入干燥器中备用。

# 13.2　微生物改性结果及讨论

### 13.2.1　竹纤维成分分析

纤维素、半纤维素和木质素是天然木素纤维的三种主要成分,除此之外还含有少量的果胶、蜡质成分和水溶性成分。一般来说,纤维素能在聚合物基体中起主要增强作用;但由于细胞壁中的木质素和纤维素通过复合键形成木质素-纤维素复合物,且纤维素作为细胞壁的骨架被果胶、半纤维素及果胶等成分包裹,镶嵌在复合物分子内部,难以发挥其增强作用。

表13.1为用微生物处理方法,在不同处理时间下竹纤维的成分。在微生物处理过程中首先被降解的成分为半纤维素,未经改性的竹纤维半纤维素含量为22.53%,经微生物处理28d后半纤维素的含量降低至14.77%,其相对含量降低了50%左右。半纤维素降解的同时还伴随着木质素的降解,微生物处理28d后木质素的含量降低了53.23%。半纤维素和木质素的降解意味着纤维素从木质素和半纤维素的包裹中释放出来。随着微生物处理时间的增长,纤维素的含量先升高后降低。微生物处理时间在0~21d内,纤维素的含量由44.34%升高到了55.77%。这可能是因为在微生物的作用下木质素、纤维素和半纤维素聚合度降低,纤维素、木质素以及半纤维素之间的氢键被破坏,木质素与碳水化合物分离,细胞壁因此变得蓬松,有利于微生物与底物的进一步接触。同时微生物能有选择性地去除亲水性果胶、木质素和半纤维素。而当微生物

处理时间大于 14d 时,纤维素的相对含量开始呈现下降的趋势,因为当微生物将半纤维素、木质素分解到一定程度后转而开始消耗纤维素,因此微生处理时间不宜过长。

表 13.1　不同处理时间下的竹纤维成分　　　　　　　单位:%

| 处理时间/d | 木质素 | | 纤维素 | | 半纤维素 | | 灰分/% |
|---|---|---|---|---|---|---|---|
| | 含量/% | 失重率/% | 含量/% | 增重率/% | 含量/% | 失重率/% | |
| 0 | 24.74 | | 44.34 | | 22.53 | | 1.00 |
| 7 | 19.03 | 23.08 | 47.92 | 8.07 | 20.75 | 7.90 | 1.21 |
| 14 | 12.79 | 48.03 | 56.39 | 27.18 | 16.87 | 25.12 | 0.80 |
| 21 | 11.87 | 52.02 | 55.77 | 25.20 | 14.92 | 33.78 | 0.97 |
| 28 | 11.57 | 53.23 | 51.64 | 16.46 | 14.77 | 34.44 | 1.06 |

注:失重率和增重率是相对于微生物处理时间为 0d 的竹纤维而言的。

## 13.2.2　竹纤维表面形貌分析

图 13.1 为用微生物处理方法,在不同处理时间下竹纤维的微观形貌。从图 13.1(a)(b)可以看到,竹纤维较为光滑,排列较为整齐,纤维表面有较多沟槽。竹纤维为由多根纤维组成的束状纤维,竹纤维细胞排列整齐,总体趋向于纵向排列,少有扭曲。相对于原始竹纤维,改性后的竹纤维如图 13.1(c)至(j)所示,微生物处理后单根纤维间空隙增大,更为松散。说明微生物处理有效去除了纤维表面的半纤维素、木质素、果胶及蜡质成分。根据界面扩散理论可知,在玻璃化转变温度下两种高聚物相接触时,聚合物分子及分子链在受热情况下运动加剧,两相相互扩散渗透,形成模糊界面。因此,在纤维与聚丙烯熔融混炼时,疏松多孔的结构有利于基体渗透到纤维表面。从图 13.1(a)(c)(e)(g)(i)可以看出,改性后竹纤维表面微原纤维减少,竹纤维变得更加有序。对比图 13.1(b)(d)(f)(h)(j)发现,改性后竹纤维表面相对粗糙,竹纤维与树脂基体的接触面积增大。机械互锁理论认为,具有一定粗糙度两相的界面能在适宜条件下增大两相互相入浸的机会,从而形成啮合、锚固等作用,形成机械互锁。以上改性效果均有益于提高纤维与基体间的界面黏合强度。

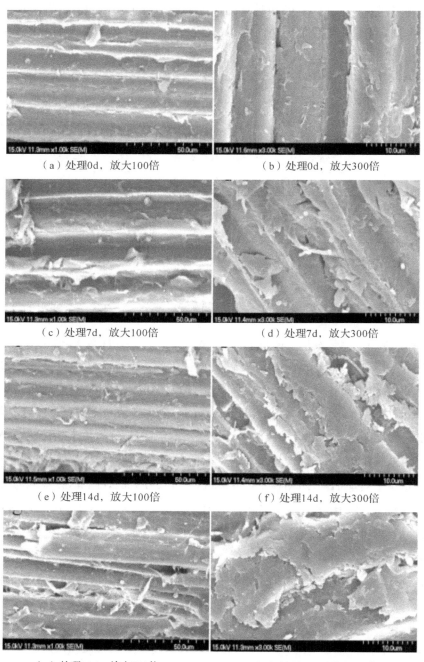

（a）处理0d，放大100倍 　　　　　（b）处理0d，放大300倍

（c）处理7d，放大100倍 　　　　　（d）处理7d，放大300倍

（e）处理14d，放大100倍 　　　　　（f）处理14d，放大300倍

（g）处理21d，放大100倍 　　　　　（h）处理21d，放大300倍

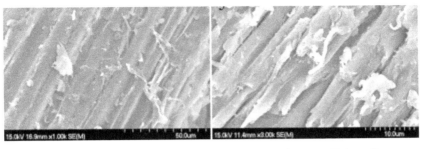

（i）处理28d，放大100倍　　　　　（j）处理28d，放大300倍

图 13.1    不同处理时间下竹纤维的微观形貌

## 13.2.3    竹纤维化学结构分析

一般认为,纤维素的特征吸收峰在 $2900cm^{-1}$、$1425cm^{-1}$、$1370cm^{-1}$、$895cm^{-1}$处。$1730cm^{-1}$附近的羰基(—C＝O—)伸缩振动峰是半纤维素区别于其他组分的特征峰。木质素是由多分支芳香族化合物通过分子内成键形成的三维网状无定型高聚物,其红外谱图最为复杂。

图 13.2 为用微生物方法,在不同处理时间下竹纤维的红外光谱图。不同处理时间的竹纤维的红外谱图显示出相同的吸收峰位置,结合谱图及相关文献,分析得到表 13.2 中相应的特征峰归属。微生物处理前后竹纤维的红外谱图的最大变化在于 $3409cm^{-1}$处羟基(—OH)峰的强度的变化。纤维素由 D-吡喃行葡萄糖基(失水葡萄糖)构成,除两端外每个糖单元上有 3 个游离羟基(—OH),这些羟基形成分子内氢键,使竹纤维具有吸水性,极性很强。这是竹纤维与非极性的聚丙烯塑料间的相容性差的根本原因。采用微生物法改性后,羟基峰减弱,表明竹纤维内游离及缔合的羟基数量减少,羟基数量的减少意味着竹纤维的极性降低,与非极性的聚丙烯基体间的极性差异减小,有利于竹纤维与聚丙烯的界面结合。纤维的亲水性也会随着羟基数量的减少而降低,因而材料的吸湿及膨胀率也会相应降低。$1734cm^{-1}$附近的强峰是酯基和羧基中羰基的特征对称伸缩振动峰,为半纤维素区别于其他组分的特征峰,改性处理后,这个特征振动峰基本消失,由于半纤维素在微生物作用下分解,同时微生物在发酵过程中产生的各种酶可降解木质素,打开了酰基与某些糖残基的酯键;$1244cm^{-1}$处谱带减弱,表明与苯环键相连接的甲氧基含量减少,而竹纤维中

苯环来源为木质素;1167cm$^{-1}$处峰强的减弱或许是由木质素和纤维素中的醚键(C—O—C)水解断裂引起的;而1049cm$^{-1}$处峰的减弱则是因为纤维素中伯醇羟基的碳氧键(C—O)断裂。

总之,竹纤维改性前后的红外谱图非常相似,只存在振动峰强度的差异,表明改性并没有使竹纤维产生新的化学结构和功能基团,只是表面基团部分被分解,改性前后竹纤维仍具有相似的结构。

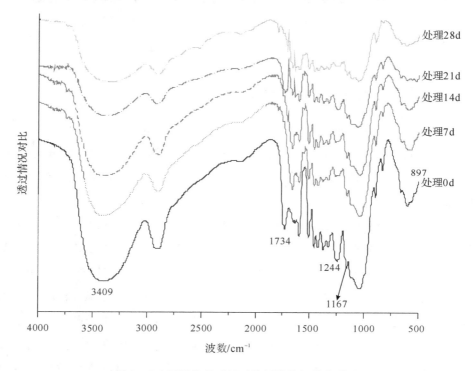

图 13.2　不同处理时间下竹纤维的红外光谱图

表 13.2　竹纤维红外光谱图特征峰归属

| 波数/cm$^{-1}$ | 吸收峰强度 | 特征峰归属 |
|---|---|---|
| 3409 | 强 | —OH 或 N—H 伸缩振动 |
| 2915 | 中等 | —CH$_3$ 或—CH$_2$ 中的 C—H 对称或反对称伸缩振动 |
| 1734 | 中等 | —C═O—伸缩振动 |

| 波数/cm$^{-1}$ | 吸收峰强度 | 特征峰归属 |
| --- | --- | --- |
| 1653 | 中等 | H—O—H 剪式弯曲振动 |
| 1606,1510 | 中等 | 苯环碳骨架伸缩振动 |
| 1465 | 较弱 | —CH$_3$ 中不对称弯曲振动以及苯环碳骨架伸缩振动 |
| 1420 | 较弱 | —OH 的面内弯曲振动 |
| 1244 | 中等 | 与甲氧基键和 C—O—C 不对称伸缩振动 |
| 1167 | 较弱 | C—O—C 的不对称伸缩振动 |
| 1049 | 强 | C—O—C 伸缩振动 |
| 897 | 弱 | 环状 C—O—C 不对称面外伸缩振动及 C—H 弯曲振动 |

## 13.2.4　X 射线衍射分析

天然木质纤维中纤维素有结晶区和无定型区。结晶区和无定型区相互交错连接，没有明显界限。半纤维素和木质素为非晶聚合物，处在纤维素分子的非晶区。纤维素的结晶区分子链排列规整、紧密，缝隙空洞少，分子链上各基团间的结合力趋于饱和，因而纤维强度高，形变小，吸湿溶胀小。在无定型区，分子链排列比较紊乱，堆砌疏松，并有较多的缝隙和空洞，大分子表面的基团距离较远，连接力较小，因而纤维密度小，易吸湿，并表现出强度低、形变大的特点。因而纤维素的结晶度能够在一定程度上反映纤维的物理和化学性质，是评价纤维品质和描述纤维微观分子结构的重要参数。

图 13.3 为用微生物处理方法，在不同处理时间下竹纤维的 X 射线衍射谱图。从谱图可以看出，微生物处理不同时间下的竹纤维在 $2\theta$ 为 15°~16°、22°、35°时出现衍射峰，分别对应于纤维素 I 的(101)(002)和(040)晶面。

由于纤维的衍射晶面半峰宽较大(均大于 1°)，结晶区与无定型区重合度较高，因而利用 JADE6 软件对不同改性时间下的竹纤维 X 射线衍射谱图进行分峰拟合。分峰拟合的结果显示，微生物处理 0d、7d、14d、21d 和 28d 的竹纤维的结晶度分别为47.33%、50.19%、55.20%、54.51%和 43.05%。在微生物的作用下，一方面，非晶区的木质素和半纤维素逐渐分解，使得结晶区增大；另一方面，微生物在发酵过程中所产生的酶在一定程度上破坏了纤维素结构,使得纤维素结晶度减小。以上两者共同作用,影响竹纤维的结晶度。竹纤维的结晶度随着微生物处理时间的增加先增大后减小,这是因为在微生物发酵处理前期,木质素和半纤维素分解速度较快,在发酵处理后期纤维素开始降解,这与 13.2.1 中竹纤维的成分分析结果相吻合。

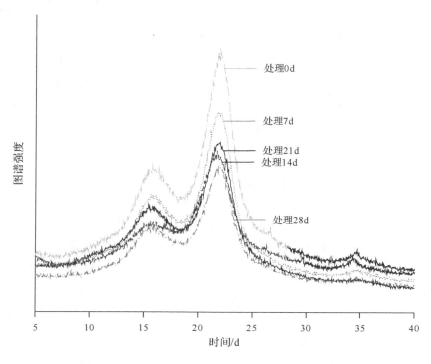

图 13.3　不同处理时间下竹纤维的 X 射线衍射谱图

# 13.3　竹塑复合材料性能表征

### 13.3.1　材料力学性能表征

为探究微生物处理后的竹纤维的加入对聚丙烯基复合材料力学性能的影响,制备了微生物处理时间不同的 BF/PP 复合材料,并测试了其拉伸性能和弯曲性能。图 13.4 显示了 BF/PP 复合材料的拉伸特性。材料的拉伸强度与拉伸模量的变化趋

势基本相同,随着微生物作用时间的增加,材料的拉伸强度和拉伸模量均先增大后减
小。当微生物处理时间为 7d 时,BF/PP 复合材料的拉伸性能与未经改性的 BF/PP
复合材料拉伸性能相当,这是由于微生物发酵是一个较为缓慢的过程,微生物未能充
分发挥作用;当微生物处理时间为 21d 时材料的拉伸性能最佳,此时 BF/PP(30∶70)
复合材料的拉伸强度和拉伸模量较未经改性时分别提高了 75% 和 100%,而 BF/PP
(40∶60)复合材料的拉伸强度和拉伸模量则提高了 76% 和 81%;当微生物处理时间
为 28d 时,BF/PP 复合材料的拉伸性能反而降低,这可能是由于发酵时间过长,过度
分解了纤维素等有效增强成分。

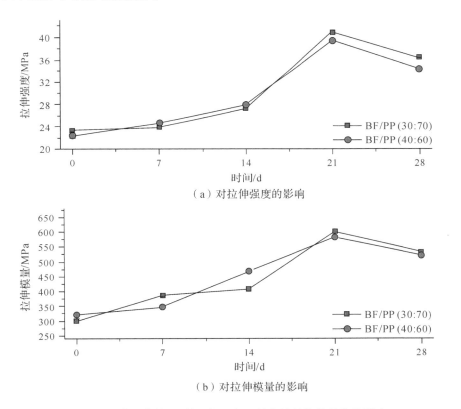

（a）对拉伸强度的影响

（b）对拉伸模量的影响

图 13.4　微生物处理时间对 BF/PP 复合材料拉伸性能的影响

材料的弯曲性能如图 13.5 所示。材料的弯曲强度、弯曲模量最初随着微生物处理
时间的增加而增大,在处理时间为 21d 时,BF/PP(30∶70)复合材料和 BF/PP(40∶60)
复合材料的弯曲模量均达到最大值,分别为 3829.44MPa 和 4008.57MPa,而 BF/PP

(30∶70)复合材料和 BF/PP(40∶60)复合材料的弯曲强度则分别在处理时间为 28d 和 21d 时达到最大,为 57.34MPa 和 66.33MPa,较纯聚丙烯分别提高了 148% 和 125%。总体来说,在改性时间超过 21d 后材料的弯曲性能呈现出下降的趋势。聚丙烯本身韧性较好,添加竹纤维后弯曲性能进一步增强,这是因为竹纤维的弯曲性能较优,且微生物处理进一步加强了竹纤维的柔性,增强了其弯曲强度与弯曲模量,所以微生物处理后竹纤维的加入提升了复合材料的弯曲性能。

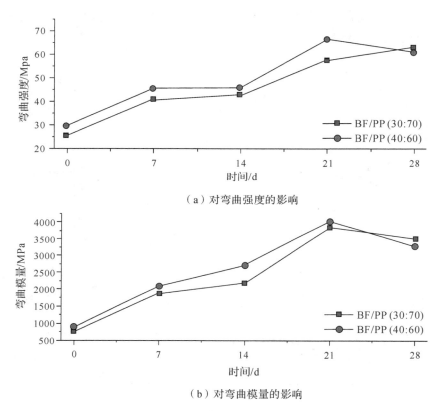

（a）对弯曲强度的影响

（b）对弯曲模量的影响

图 13.5　微生物处理时间对 BF/PP 复合材料弯曲性能的影响

## 13.3.2　材料断面形貌

从图 13.6 发现,未经微生物处理以及处理时间为 7d 和 14d 的 BF/PP 复合材料在拉伸断面上明显存在纤维被拔脱的现象,材料在断裂后单根纤维裸露在基体外部,且纤维表面较为光滑。未经微生物处理的竹纤维与基体间存在较大的缝隙,内部结构蓬松,说明竹纤维与聚丙烯基体间的浸润性较差,复合材料在受力时易在界面处断裂,竹纤维的拔出为复合材料的主要断裂方式。改性时间增长至 21d 和 28d 时,竹纤维与基体间的结合更为紧密,聚丙烯基体对竹纤维呈现出包裹状态,两相界面更为模糊。试样被拉断时断裂部位不在两相界面处,受到外力时竹纤维与树脂基体一起断裂,仍处在基体中,且纤维表面附着的基体颗粒变得更为粗糙,稍有纤维被拔出的现象。说明竹纤维与聚丙烯基体间的结合非常理想,竹纤维在界面处能够起到较好的载荷作用,因而提高了聚丙烯基体的应力水平。

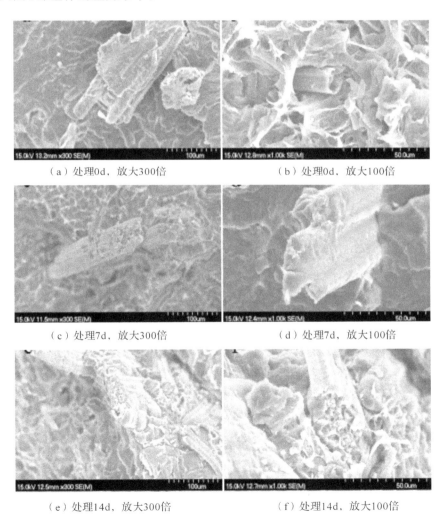

（a）处理0d，放大300倍　　　　　　　　（b）处理0d，放大100倍

（c）处理7d，放大300倍　　　　　　　　（d）处理7d，放大100倍

（e）处理14d，放大300倍　　　　　　　　（f）处理14d，放大100倍

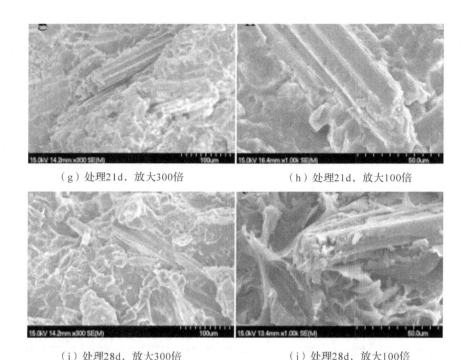

（g）处理21d，放大300倍　　　　　　（h）处理21d，放大100倍

（i）处理28d，放大300倍　　　　　　（j）处理28d，放大100倍

图 13.6　不同处理时间下 BF/PP(40∶60)复合材料的拉伸断面形貌

# 13.4　总　　结

采用微生法对竹纤维进行改性,研究了微生物处理时间对竹纤维成分、表面形貌、化学结构以及结晶度的影响,并对制备的竹塑复合材料的力学性能进行了表征,探讨了微生物改性对于改善界面相容性的作用与可行性。

(1)微生物能有选择性地去除部分亲水性果胶、木质素和半纤维素,将纤维素从半纤维素和木质素中释放出来,有利于纤维素在基体中发挥其增强作用。但微生物处理时间超过 14d 后,纤维素含量开始下降,因此改性时间应控制在 14d 内。

(2)随着微生物处理时间的增加,竹纤维的表面越发粗糙,表面孔隙增多,单根纤维间空隙增大,竹纤维结构变得更为疏松。疏松多孔的粗糙表面增大了纤维与基体间的接触面积,有利于提高界面黏合强度。

（3）微生物改性处理并没有使竹纤维产生新的化学结构和功能基团，只是表面基团部分被分解，改性前后竹纤维的结构相似。微生物改性后竹纤维表面的羟基数量大量减少，意味着纤维的极性大大降低，有利于与非极性的聚丙烯基体的结合，提高界面相容性。

（4）微生物发酵处理前期木质素和半纤维素分解速度较快，无定型区减少，在发酵处理后期纤维素开始降解，结晶区减小，无定型区增大，因此竹纤维的结晶度随着微生物处理时间的增加先增大后减小。

（5）BF/PP复合材料的力学性能随微生物改性时间的增加呈先提高后降低的趋势。当微生物处理时间为21d时BF/PP(30：70)复合材料和BF/PP(40：60)复合材料的拉伸强度分别提高了75％和100％，弯曲强度则都增强了一倍以上。当微生物处理时间在21d和28d时，基体与纤维结合紧密，两相界面模糊，竹纤维在界面处能够起到较好的载荷作用，提高了聚丙烯基体的应力水平。

# 14　紫外加速老化对竹塑复合材料的影响

　　大多数竹塑复合材料长期暴露在户外,不可避免地经受光照辐射、雨水冲刷、露水侵蚀、冰雪覆盖、微生物分解,导致竹塑材料表面龟裂、粉末化、褪色、尺寸变化、机械强度降低、化学结构变化等一系列问题,最终失去利用价值。因此竹塑复合材料的耐老化防护值得人们广泛重视,尤其是聚丙烯基竹塑复合材料,由于聚丙烯分子链上的叔碳氢极易在热、氧、光的条件下发生老化,使得聚丙烯基竹塑材料较其他高分子聚合物基体更易出现老化降解问题。

　　竹塑复合材料的老化可以分为自然老化和人工加速老化。但自然老化难以在短时间内直观地观测材料的变化,往往需要十年或更长的时间来评价材料的寿命;而人工加速老化则着重考虑其中几个因素,强化这些因素对材料的影响,因而可以在短时间内获得实验结果,评价材料的耐受性,因此可操作性更强。紫外加速老化是一种常见的人造光源老化方式,所用到的紫外灯波长集中在 $200\sim400nm$ 的近紫外区,太阳光中紫外线的能量足以破坏大部分高分子的化学键,对材料的破坏大。

　　本章对竹纤维添加量为 30% 和 40% 的两种竹塑复合材料进行紫外加速老化试验,探索老化时间对 BF/PP 复合材料的表面状态、力学性能的和化学结构的影响,为竹塑复合材料的防护工作提供一定的实验数据和理论参考。

## 14.1　复合材料制备及加速老化试验

### 14.1.1　BF/PP 复合材料的制备

　　取适量粒度大小为 40 目的竹纤维(微生物处理时间为 21d)进行干燥(即调节含水率)。按比例称取 50g 竹纤维与聚丙烯(质量比为 30∶70、40∶60),再加入 1g 聚乙二醇。将制备好的样品 BF/PP(30∶70)复合材料和样品 BF/PP(40∶60)复合材料放入干燥器中备用。

### 14.1.2　紫外加速老化试验

按照 ASTM G514 的相关实验条件设置加速老化试验参数。采用 UV340 型紫外线灯,波长为 340nm,辐照强度为 0.89W/(m² · nm)。老化过程以 12h 为一个小循环周期:对 BF/PP 材料在 60℃下光照 8h,随后在 50℃下冷凝 4h。将 BF/PP(30∶70)复合材料和 BF/PP(40∶60)复合材料试样放入紫外老化箱中经历 600h,每隔 120h 取出试样测量其力学性能、色度、接触角和表面能,待老化试验结束后取出试样,分析其表面化学结构和元素化学状态的变化。

# 14.2　结果与讨论

### 14.2.1　力学性能分析

BF/PP 复合材料的拉伸性能随老化时间的变化如图 14.1 所示。不同老化时间下 BF/PP 复合材料的拉伸性能的保留率如表 14.1 所示。材料的拉伸强度和拉伸模量随老化时间的增加有着大体相同的变化规律,在 120～480h 内下降最为显著,紫外老化 480h 后 BF/PP(30∶70)和 BF/PP(40∶60)复合材料的拉伸强度分别降低了 22.8% 和 30.3%。老化初期材料的力学性能变化不大是因为材料表面光滑密实,表现出比较强的憎水性,光线和水分难以进入材料内部;但随着老化时间的延长,材料在光照作用下发生降解,表面产生裂纹和空洞,光照和水分进入材料内部,材料的降解速度进一步加快。当老化时间为 600h 时,BF/PP(40∶60)复合材料的拉伸强度和拉伸模量低于 BF/PP(30∶70)复合材料。600h 时 BF/PP(30∶70)复合材料的拉伸强度和拉伸模量分别由 39.38MPa、580.75MPa 降低至 29.85MPa、406.78MPa,保留率分别为 75.8% 和 70.0%,而 BF/PP(40∶60)复合材料的拉伸强度和拉伸模量的保留率仅为 66.9% 和 63.0%,经历 600h 紫外老化后其拉伸强度和拉伸模量低于 BF/PP(30∶70)复合材料。

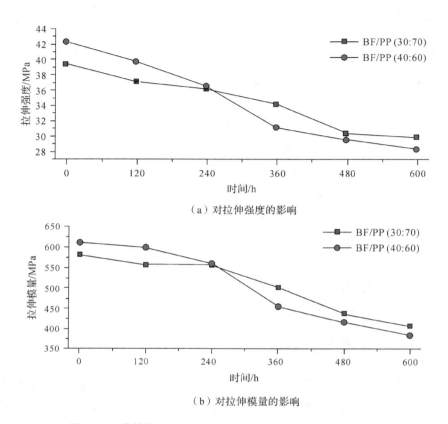

（a）对拉伸强度的影响

（b）对拉伸模量的影响

图 14.1　紫外加速老化对 BF/PP 复合材料拉伸性能的影响

表 14.1　不同老化时间下 BF/PP 复合材料的拉伸性能保留率

| 老化时间/h | BF/PP(30：70) | | BF/PP(40：60) | |
| --- | --- | --- | --- | --- |
| | 拉伸强度保留率 /% | 拉伸模量保留率 /% | 拉伸强度保留率 /% | 拉伸模量保留率 /% |
| 0 | 100 | 100 | 100 | 100 |
| 120 | 94.3 | 95.9 | 93.9 | 98.1 |
| 240 | 91.9 | 95.9 | 86.3 | 91.8 |
| 360 | 86.8 | 86.5 | 73.5 | 74.6 |
| 480 | 77.2 | 75.4 | 69.7 | 68.4 |
| 600 | 75.8 | 70.0 | 66.9 | 63.0 |

图 14.2 显示了紫外加速老化对 BF/PP 复合材料弯曲性能的影响。表 14.2给出了不同老化时间下 BF/PP 复合材料弯曲强度和弯曲模量的保留率。BF/PP 复合材料的弯曲性能的下降主要集中在 240~480h 这一时间段内。经历600h 的紫外加速老化后 BF/PP（30：70）复合材料的弯曲强度和弯曲模量分别由 60.41MPa、3347.92MPa 降低至 48.42MPa、2495.29MPa，保留率分别为 80.2％和 74.5％，而 BF/PP（40：60）复合材料的弯曲强度和弯曲模量分别由 66.33MPa、4008.57MPa 降低至 49.66MPa、2775.89MPa，保留率分别为 74.9％和 69.2％。随着老化时间的增加，材料表面逐渐变得粗糙，出现微裂纹，表层聚丙烯降解后，竹纤维开始暴露在光照和潮湿的环境中，也开始降解。水分和光线从材料表面的裂痕及孔洞中进入材料内部，竹纤维吸水膨胀，界面结合强度下降，最终表现为材料的刚性下降。从 BF/PP

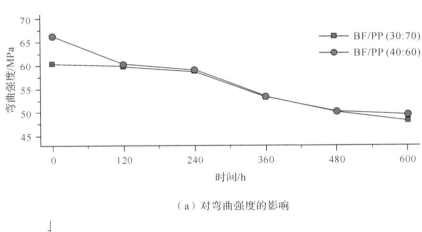

（a）对弯曲强度的影响

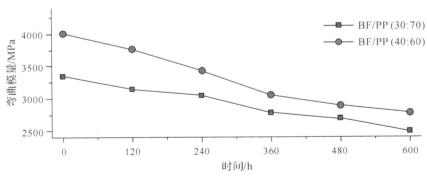

（b）对弯曲模量的影响

图 14.2　紫外加速老化对 BF/PP 复合材料弯曲性能的影响

复合材料的拉伸及弯曲性能表征可以发现竹纤维含量低的材料其力学性能保留率较高。

表 14.2　不同老化时间下 BF/PP 复合材料的弯曲性能保留率

| 老化时间/h | BF/PP(30∶70) | | BF/PP(40∶60) | |
|---|---|---|---|---|
| | 弯曲强度保留率/% | 弯曲模量保留率/% | 弯曲强度保留率/% | 弯曲模量保留率/% |
| 0 | 100 | 100 | 100 | 100 |
| 120 | 99.2 | 93.8 | 91.0 | 93.9 |
| 240 | 97.4 | 91.1 | 89.2 | 85.5 |
| 360 | 88.2 | 80.3 | 80.5 | 76.1 |
| 480 | 83.1 | 80.3 | 75.7 | 72.3 |
| 600 | 80.2 | 74.5 | 74.9 | 69.2 |

## 14.2.2　色度分析

与其他木质纤维相似,竹纤维的光降解主要是由于纤维中的纤维素、半纤维素、木质素及抽提物吸收紫外线而发生的。其中木质素对紫外线尤其敏感,木质素中的甲氧基(—OCH₃)、羟基(—OH)和羰基(—C =O—)等官能团极易吸收波长 300nm 左右的紫外线而发生光降解产生自由基,最终生成醌、羧基(—COOH)、过氧羟基等发色基团,造成材料颜色的变化。竹塑复合材料的褪色很大程度上是由木质纤维光降解造成的,同时,聚合物基体在氧、紫外线以及水分的作用下也会发生褪色和降解。

表 14.3 列出了 BF/PP 复合材料在不同老化时间下颜色参数的变化。根据 CIE1976 $L^*a^*b^*$ 颜色体系分别测定不同加速老化时间下 BF/PP 复合材料表面白度($L^*$)、红绿轴色品指数($a^*$)、黄蓝轴色品指数($b^*$),每组取 3 个试验测量,每个试验测试 3 个点,取平均值。计算色差 $\Delta E^*$:

$$\Delta E^* = \sqrt{(\Delta L^*)^2 + (\Delta a^*) + (\Delta b^*)} \tag{14.1}$$

式中,$\Delta L^*$、$\Delta a^*$、$\Delta b^*$ 分别代表初始式样与加速老化后试样 $L^*$、$a^*$、$b^*$ 的差值。

红绿轴色品指数($a^*$)随老化时间的增长总体呈减小趋势,表明材料总体向绿色变化;黄蓝轴色品指数($b^*$)随着老化时间的增长总体呈缓慢增大趋势,说明材料在逐渐向蓝色发展。在整个加速老化过程中$a^*$、$b^*$变化均较小,表面白度($L^*$)随老化时间的变化最为明显,对材料的色度变化起主导作用。因此仅给出了白度差$\Delta L^*$和色差$\Delta E^*$随老化时间的变化规律,如图14.3所示。$\Delta L^*$和$\Delta E^*$随老化时间的变化规律一致,在老化120h至240h时BF/PP(30:70)复合材料和BF/PP(40:60)复合材料的白度差和色差随时间的增长而大幅增大,240h后BF/PP(30:70)复合材料的白度差和色差的变化趋于平缓,而BF/PP(40:60)复合材料的褪色则持续到360h后才逐渐变得平缓。360h后BF/PP(40:60)复合材料的色差变化值均大于BF/PP(30:70)复合材料,这是因为聚丙烯本身透明性好,竹纤维加入后材料的颜色呈现出棕褐色,且纤维含量越高,材料表面颜色越深越接近竹纤维本身的颜色,在经过光降解后褪色越明显。竹塑复合材料的褪色过程还包括基体材料的颜色变化,竹纤维和聚丙烯老化变色过程都不是独立发生的,聚丙烯的老化变色为颜色加深的过程,而竹纤维为颜色变浅的过程,两者共同作用造成材料的色度变化。材料表面白度增大意味着材料由深色向浅色变化,颜色发白。当$\Delta E^*$的值大于12时,肉眼就可明显分辨出材料表面的颜色变化。

表14.3　不同老化时间下BF/PP复合材料的颜色参数

| 老化时间/h | BF/PP(30:70) | | | BF/PP(40:60) | | |
|---|---|---|---|---|---|---|
| | $a^*$ | $b^*$ | $L^*$ | $a^*$ | $b^*$ | $L^*$ |
| 0 | 3.8 | 4.6 | 27.2 | 4.0 | 4.1 | 26.6 |
| 120 | 4.5 | 4.0 | 28.3 | 4.0 | 3.8 | 28.8 |
| 240 | 3.5 | 5.4 | 42.7 | 3.2 | 5.0 | 36.6 |
| 360 | 3.5 | 6.8 | 51.9 | 3.5 | 7.0 | 51.8 |
| 480 | 3.3 | 7.3 | 53.1 | 3.6 | 9.0 | 59.3 |
| 600 | 3.1 | 7.6 | 54.7 | 3.7 | 9.3 | 61.3 |

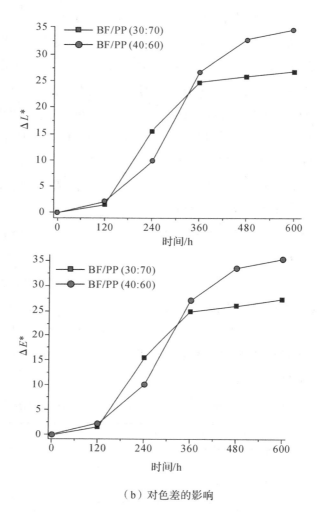

（b）对色差的影响

图 14.3　紫外加速老化对 BF/PP 复合材料白度并和色差的影响

## 14.2.3　表面形貌分析

图 14.4 和图 14.5 分别显示了 BF/PP（30∶70）复合材料和 BF/PP（40∶60）复合材料在不同紫外加速老化时间下的表面形貌。未经老化的 BF/PP 材料表面平整光滑,结构密实,几乎没有裂纹和空洞,竹纤维均被聚丙烯基体包裹,材料疏水性良好。

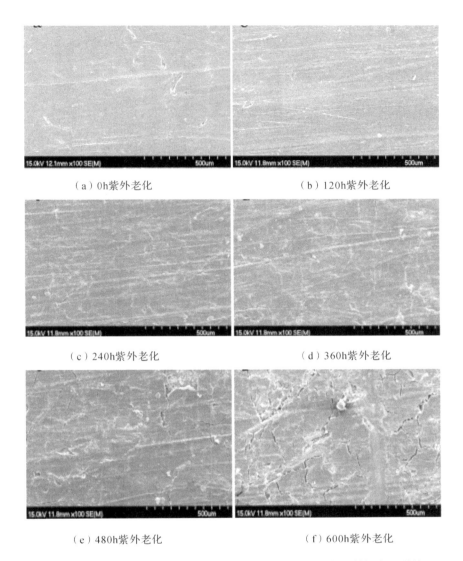

（a）0h紫外老化  （b）120h紫外老化

（c）240h紫外老化  （d）360h紫外老化

（e）480h紫外老化  （f）600h紫外老化

图 14.4  不同紫外加速老化时间下 BF/PP(30:70)复合材料的表面形貌

BF/PP(30:70)复合材料在老化 120h 时，依然保持了很好的表面形貌，表面完整，光滑程度变化不大；而 BF/PP(40:60)复合材料表面开始稍显粗糙，此时表面聚丙烯基体有降解的趋势。经历 240h 的老化后 BF/PP(30:70)复合材料和 BF/PP(40:60)复合材料表面均出现大量银白的纹理，预示着复合材料即将产生裂纹。360h 时材料表面开始出现细小的裂纹，裂纹的产生必然导致材料力学性能的降低，随着老化时间

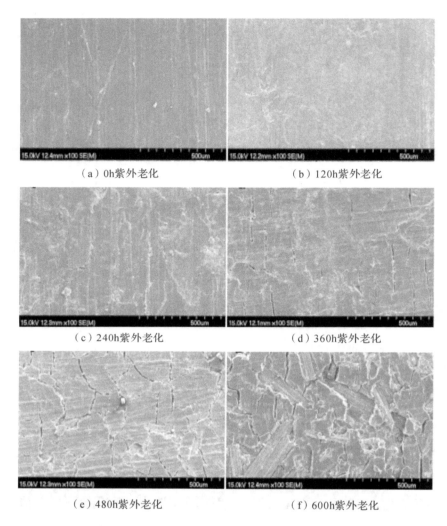

（a）0h紫外老化　　　　　　　　　　（b）120h紫外老化

（c）240h紫外老化　　　　　　　　　　（d）360h紫外老化

（e）480h紫外老化　　　　　　　　　　（f）600h紫外老化

图14.5　不同紫外加速老化时间下 BF/PP(40∶60)复合材料的表面形貌

的继续增长,在光照和水分的作用下这些裂纹逐渐加深加宽,紫外线和水分深入材料内部,进一步加剧了材料内部的老化。当老化时间达到 600h 时,BF/PP(40∶60)复合材料表面已有大量竹纤维裸露在基体之外。这与材料的力学性能表征结果一致:BF/PP(30∶70)复合材料在 240h 后力学性能显著下降,而 BF/PP(40∶60)复合材料在经历 120h 老化后力学性能开始明显降低。材料在紫外线作用下发生光解,较长的分子链断裂后向两端收缩,使表面的微裂纹向更宽更深的方向发展。分子链断裂后分子量减小,材料的强度也随分子量的减小而降低。与此同时,材料表面基体粉末程度加剧,在冷凝过程中基体粉末被水蒸气带走,竹纤维开始暴露在空气中。材料的憎水性降低,在冷凝过程中吸水加剧,纤维吸水膨胀,界面处承受的内应力增大,结合力下降。

## 14.2.4 表面接触角和表面能分析

采用悬滴法测量材料表面接触角,如图 14.6 所示。测量结果如表 14.4 所示,BF/PP(30∶70)复合材料和 BF/PP(40∶60)复合材料的初始接触角相差不大,与水和二碘甲烷的接触角分别在 $91°\sim93°$ 和 $50°$ 左右,这可能是因为竹纤维均处在聚丙烯基体的包裹下,材料表面均为平整光滑的聚丙烯层,表现出憎水性。因此纤维含量对初始接触角影响不大。老化 120h 后水在 BF/PP 复合材料表面的接触角大大减小,随着老化时间的增长水在 BF/PP(30∶70)复合材料和 BF/PP(40∶60)复合材料的接触角都呈现出减小的趋势,BF/PP(40∶60)复合材料的接触角减小更为明显。这是因为表层聚丙烯老化后表面完整性被破坏,水分更易渗透,而随着老化时间的延长,亲水性的竹纤维逐渐暴露在材料表面,因而水在材料表面的接触角减小。

图 14.6　接触角测定

固体的表面能又称表面吉布斯自由能,是指在一定的压力下,固体生成单位面积的表面所要消耗的等温可逆功。只要测得两种已知表面张力分量的液体在固体表面的接触角即可计算出固体表面能。大量实验表明,采用极性液体和非极性液体的组合作为检测液测得的表面能重复性最好。本实验采用水和二碘甲烷作为极性和非极性检测液来计算 BF/PP 复合材料的表面能,检测液的相关表面能参数如表 14.5 所示,计算结果如表 14.4 所示。材料表面能的非极性分量先增加后降低,240h 后随着老化时间的增加极性分量不断增大,格里菲斯强度理论(Griffith's strength theory)

指出,材料内裂纹的产生会使系统内的弹性能降低,根据能量守恒原理,裂纹产生所释放的弹性能必然要与裂纹产生所增加的表面能相等才能维持系统内部的能量平衡。因此,随着老化的进行,材料表面裂纹产生,材料的表面自由能增大。

表 14.4    不同老化时间下 BF/PP 复合材料的接触角及表面能参数

| 复合材料 | 老化时间 /h | 接触角 $\theta$/(°) | | 非极性分量($\gamma^d$) /(mJ·m$^{-2}$) | 极性分量($\gamma^p$) /(mJ·m$^{-2}$) | 表面能($\gamma$) /(mJ·m$^{-2}$) |
|---|---|---|---|---|---|---|
| | | 水 | 二碘甲烷 | | | |
| BF/PP (30:70) | 0 | 91.36 | 49.57 | 49.57 | 34.51 | 35.80 |
| | 120 | 70.16 | 58.75 | 58.75 | 29.29 | 40.11 |
| | 240 | 68.76 | 54.61 | 54.61 | 31.67 | 42.33 |
| | 360 | 64.90 | 53.64 | 53.64 | 32.22 | 44.8 |
| | 480 | 67.39 | 45.74 | 45.74 | 36.61 | 46.23 |
| | 600 | 62.81 | 35.26 | 35.26 | 41.91 | 52.11 |
| BF/PP (40:60) | 0 | 92.21 | 50.64 | 50.64 | 33.92 | 35.11 |
| | 120 | 67.60 | 53.06 | 53.06 | 32.55 | 43.50 |
| | 240 | 65.14 | 57.42 | 57.42 | 30.06 | 43.42 |
| | 360 | 68.36 | 50.10 | 50.10 | 34.22 | 44.15 |
| | 480 | 65.82 | 49.17 | 49.17 | 34.74 | 45.83 |
| | 600 | 59.52 | 46.91 | 46.91 | 35.98 | 50.12 |

表 14.5    检测液的表面能参数                            单位:mJ/m²

| 物质 | $\gamma^d$ | $\gamma^p$ | $\gamma$ |
|---|---|---|---|
| 水 | 21.8 | 51.00 | 72.8 |
| 二碘甲烷 | 50.8 | 0 | 50.8 |

## 14.2.5    化学结构分析

通过观察图 14.7 发现,老化前后吸收峰的位置基本不变。从紫外加速老化前 BF/PP 复合材料的红外光谱图上可以观察到 2840~2980cm$^{-1}$ 处的亚甲基或甲基的碳氢(C—H)伸缩振动峰,1639cm$^{-1}$ 和 1450cm$^{-1}$ 处分别是来自木质素芳环的碳碳双

键(C═C)伸缩振动峰和呼吸振动峰。红外光谱图上最大的变化是老化后 3355cm$^{-1}$
和 1042cm$^{-1}$ 振动峰的强度明显增强,3355cm$^{-1}$ 和 1042cm$^{-1}$ 处的振动峰分别归属为竹
纤维中的羟基(—OH)伸缩振动峰和纤维素中的碳氧(C—O)伸缩振动峰。未经老化
的 BF/PP 材料没有出现该峰,而经历 600h 老化后此处出现明显的吸收峰,这可能是
由表层聚丙烯不断老化降解,冷凝过程中被水蒸气带走,竹纤维逐渐暴露在表面所致。
1450cm$^{-1}$ 处的 C═C 吸收峰加强,表明木质素正在降解,生成醌基、羧基、过氧羟基等
发色基团,造成材料颜色变化。此外,在 1719cm$^{-1}$ 处还出现了羰基(—C═O—)振动
峰,羰基振动峰的出现表明聚丙烯在紫外线作用下老化降解。聚丙烯的光氧老化是一
种典型的自由基反应。在老化过程中材料中的含氧量不断上升,引发一系列氧化反应
造成高分子链断裂,在此过程中产生的羟基和氢过氧化物为光敏感基团,在紫外线作用
下形成自由基,自由基的产生又进一步引发氧化反应。可见 BF/PP 复合材料的老化是
竹纤维和聚丙烯基体共同老化降解、相互作用的复杂过程。

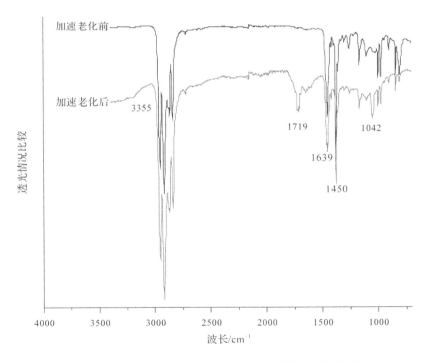

图 14.7　紫外加速老化前后 BF/PP 复合材料的红外光谱图

## 14.2.6　X射线光电子能谱分析

BF/PP复合材料老化前后的红外光谱图表明材料的表面物理化学性质发生了较大变化,本小节通过XPS分析进一步讨论BF/PP复合材料在老化前后表面元素含量及其化学状态的变化。表14.6显示了低分辨XPS扫描下材料表面元素的相对含量。经600h加速老化后,材料表面的碳氧比减小了42%,碳氧比的升高意味着材料表面氧化程度的加剧。

表14.6　紫外加速老化前后BF/PP复合材料的表面元素相对含量　　　单位:%

|  | C | O | Si | C/O |
|---|---|---|---|---|
| 加速老化前 | 92.71 | 6.76 | 0.52 | 13.70 |
| 加速老化后 | 88.03 | 11.05 | 0.91 | 7.96 |

图14.8为BF/PP复合材料在老化前后的宽带XPS图谱。图14.8和表14.6反映,老化前后材料表面均含碳氧元素,老化前C1s和O1s的结合能分别为286.3eV和532.6eV,经历600h后C1s和O1s的结合能分别降低为283.3eV和532.7eV,结合能的降低可能与材料内部氢键作用的减弱有关。且老化后C1s的谱峰明显减弱,而O1s的谱峰增强。

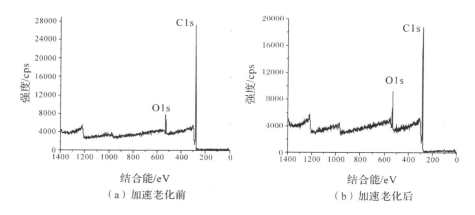

（a）加速老化前　　　　　　　　（b）加速老化后

图14.8　紫外加速老化前后BF/PP复合材料表面的宽带XPS图谱

BF/PP复合材料表面C元素和O元素的结合方式对材料表面的组成和性质有着极为重要的影响。为了进一步明确材料表面碳氧元素的具体结合状态,对BF/PP复合材料表面的宽带 XPS 图谱局部放大,利用 XPS SPEAK 分峰拟合软件对 C1s 和 O1s 的 X 射线光电子能谱图进行分峰拟合,拟合结果如图 14.9、图 14.10 所示。C 元素有 4 种结合形式,O 元素则有两种结合形式。表 14.7 列出了 C1s 及 O1s 的结合形式。可计算含氧碳和不含氧碳的比值:

$$C_{ox/unax} = \frac{C2 + C3 + C4}{C1} \qquad (14.2)$$

其中,C1 代表 C 的结合形式为 C—H 或 C—C,C2 代表 C 的结合形式为 C—O,C3 代表 C 的结合形式为—C =O— 或 O—C—O,C4 代表 C 的结合形式为 O—C =O。

老化前 BF/PP 复合材料表面的 C1s 窄谱可拟合出 3 个次峰,分别为 C1、C2 和 C3,其结合能分别为 284.8eV、286.2eV、287.9eV,峰强依次减弱。而老化后拟合出了 C4 峰,结合能依次为 281.8eV、282eV、283.5eV 和 285.5eV,且经历老化后 C1 相对峰面积明显减小。老化前后 O1s 窄谱上均可拟合出 O1 和 O2 峰,老化前 O1 和 O2 两种化学键的结合能分别为 531.8eV 和 533.3eV,老化后变为 532.2eV、533.2eV。结合能的变化说明材料内的化学结构发生了变化。根据相对峰面积计算各化学状态下元素的含量,结果如表 14.8 所示。老化前后 C1 分别为 72.11% 和 64.13%,说明 C 元素主要以 C1 方式存在于 BF/PP 复合材料中,即以 C—C 键和 C—H 键结合为主。老化后 $C_{ox/unox}$ 较老化前提高了 30%,含氧碳和不含氧碳的比值升高说明老化过程中BF/PP复合材料中的 C 正在由 C—C 键和 C—H 键的结合形式转变为碳氧结合的形式。由表 14.8 可知,部分 C 元素的结合方式由 C1 和 C2 转化为 C3 和 C4,意味着材料中—C =O—、O—C—O 和 O—C =O 键增加。同时,材料表面的 O 元素的含量也有所增大,老化后 O1 含量明显增加,O2 含量基本不变,O1 增大进一步说明材料表面的氧更多的以 C =O 的形式存在。这与红外光谱表征的结果一致:光氧老化导致材料表面的含氧量增大,聚丙烯的老化降解导致了表面羰基或羧基的增多。

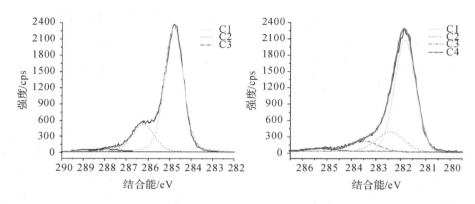

图 14.9　紫外加速老化前后 BF/PP 复合材料的 C1s 窄谱

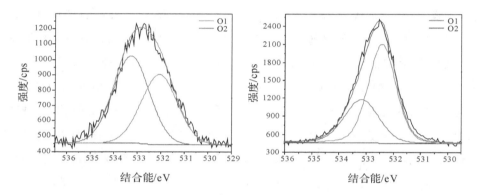

图 14.10　紫外加速老化前后 BF/PP 复合材料的 O1s 窄谱

**表 14.7　C1s 和 O1s 的结合形式**

| 元素 | 结合形式 |
|---|---|
| C1 | C—H 或 C—C |
| C2 | C—O |
| C3 | C=O 或 O—C—O |
| C4 | O—C=O |
| O1 | —C=O— |
| O2 | O—C—O |

表 14.8　紫外加速老化对 BF/PP 复合材料的表面元素结合形式及含量的影响

| 样品 | C1s 含量/% | | | | O1s 含量/% | | $C_{ox/unox}$ |
|---|---|---|---|---|---|---|---|
| | C1 | C2 | C3 | C4 | O1 | O2 | |
| 老化前 | 72.11 | 18.83 | 1.77 | | 2.83 | 3.94 | 28.57 |
| 老化后 | 64.13 | 14.58 | 7.43 | 1.89 | 7.16 | 3.89 | 37.27 |

# 14.3　总　结

通过对竹纤维添加量为30%和40%的竹塑复合材料进行紫外加速老化,研究了加速老化前后材料的力学性能、色度、微观形貌、接触角和表面能以及表面化学结构和元素状态的变化,得出以下结论:

(1)BF/PP 复合材料的力学性能随老化时间的增长逐渐下降,经历 600h 加速老化后 BF/PP(30∶70)复合材料和 BF/PP(40∶60)复合材料的拉伸强度保留率分别为75.8%和70.0%,弯曲模量保留率分别为80.2%和74.9%,竹纤维含量低的材料其力学性能保留率较高。

(2)在加速老化过程中 BF/PP 复合材料表面不断褪色发白。色度分析表明,老化过程中材料的红绿轴色品指数和蓝轴色品指数变化很小,对材色变化起主要作用的是白度值的变化,白度差与色差的变化趋势一致,随加速老化时间的增长逐渐增大。竹纤维含量高的 BF/PP(40∶60)复合材料较竹纤维含量低的 BF/PP(30∶70)复合材料的颜色深,经过 600h 加速老化后褪色明显。

(3)未经老化的 BF/PP 复合材料表面平整光滑,结构密实,几乎没有裂纹和空洞,竹纤维均被聚丙烯基体包裹。老化过程中材料表面逐渐变得粗糙,产生空洞和裂纹,且裂纹随老化时间的增加而增大变宽,老化 600h 后 BF/PP(40∶60)复合材料的表面已有大量竹纤维裸露在基体之外。

(4)随着老化时间的延长,亲水性的竹纤维逐渐暴露在材料表面,因而水在 BF/PP 复合材料表面的接触角减小。基于材料表面的接触角计算材料的表面能发现,在老化过程中,材料表面能的非极性分量不断减小,极性分量随老化不断增大,但材料的表面能总体不断增大。

（5）老化后材料表面出现了竹纤维中的羟基伸缩振动峰和纤维素中的碳氧伸缩振动峰，表明表层聚丙烯正在降解，竹纤维暴露在基体表面。此外，碳碳双键吸收峰加强，表明木质素正在降解，生成醌基、羧基、过氧羟基等发色基团，造成材料颜色变化。羰基振动峰明显增强，和 XPS 表征结果一致，材料表面含氧碳和不含氧碳的比值增大，证明材料表面氧化程度提高，聚丙烯的光氧降解导致了表面羰基或羧基的增多。

# 15　复合材料的未来

从木塑复合材料所具备的特质看,它是能够体现循环经济、低碳经济、生态环保、资源节约、节能减排等可持续发展先进理念,并具活力的新型生物质复合材料。在持续发展的热潮中,国内木塑材料经历了从量变到质变的过程,产业群体不断扩大,研发机构/人员逐渐增多,市场拓展前景向好,经济总量连年上升,不少企业的自主创新技术已具备一定基础。从国家政策、产业动态及投资关注等几大要素观察分析,生物质(木塑)复合材料已经开始从成长阶段向成熟阶段过渡,实现产业跨越和升级已初具条件。

## 15.1　发展方向

生物质(木塑)复合材料研发制造作为一个横跨多个领域的新兴产业,其设备、技术和工艺涉及木材化学、精细化工、液压传动、精密机械、热力传导、流体力学、传感技术、电子自控、微机编程和高分子工程等诸多专业、学科,具有较高的科技含量和鲜明的产业特点,现已在新材料领域自成一体。由于其不依赖于不可再生的矿物资源等,而主要采用可以大量循环再生的生物质原料制成,所以具有巨大的发展空间。以目前掌握的技术,从交通设施、活动房屋、建筑墙体、汽车部件、电器外壳,到室内装修、儿童玩具、装饰摆件、家庭用品、包装材料等,木塑材料/制品都在积极尝试进入。要深化木塑复合材料具有的应用特性,即原料多样化、制备可塑化、产品环保化、应用经济化和再生低碳化,充分挖掘木塑材料环保性、资源性的潜在优势,并使之向更加广阔的生物质塑化材料领域发展,成为一种具有战略意义的科技材料,在新材料创新领域开辟一条资源化道路。

木塑复合材料的加工改性技术越来越成熟,其产品也越来越多地渗透到各个领域,替代不可再生资源。木塑复合材料的应用和普及与我国提出的建设资源节约型、环境友好型社会的理念相呼应。这是一门涉及多个学科的综合领域,需要研究者具有扎实的理论功底和丰富的实践经验。目前木塑复合材料的增强料大多为木粉,而用竹纤维作增强体的并不多见,且研究方向集中于偶联剂和相容剂的选择和用量等化学法改性上,对于成型工艺及材料耐受性的研究还不够系统和成熟。本书中采用的生物改性法是一种环保、廉价、可操作性强的方法,取得了一定的成果。但由于时间、精力和仪器设备等多方面的限制,还有部分问题值得深入研究,先提出以下建议供参考:

(1)本书中所用到的聚丙烯材料均为初次使用,成本较高,若能将回收废料作为基体原料不仅能降低原料成本,还能循环利用资源,提高资源利用率。

(2)在加工工艺方面,可继续尝试更新的成型方式或进一步优化工艺参数以提高材料机械强度。寻找适用于大规模工业生产的设备和工艺条件,推广竹塑复合材料的生产和应用。

(3)在改性机理上还可从微生物学角度来探讨微生物在界面增容中所发挥的作用,探究微生物种类对竹纤维改性的影响及微生物作用机理,以更好地改善竹塑材料的界面相容性。

(4)在改善界面相容性的基础上还可加入适当的功能材料,使竹塑复合材料具有更好的耐磨性、抗菌性、助燃性,材料功能的进一步丰富能很大程度上拓宽竹塑复合材料的应用领域。

(5)在耐老化方面应延长实验时间,进一步观测紫外老化对材料性能的影响,建立相关数学模型,更科学地预测材料寿命。

# 15.2　存在的问题

## 15.2.1　产业发展不规范

已有 30 余年历史的中国木塑产业由于多种原因,至今仍呈小、散、乱的状态,能够形成产业化、规模化的企业数量还太少,尤其缺少大型骨干企业,与国外动辄几万吨、十几万吨的木塑产业集群相比,很难形成有效的力量迅速扩张,集中度的不足大大阻碍了木塑产业自身的发展。

## 15.2.2　研发投入总量不足

国内木塑企业不仅研发投入不足,而且技术人才奇缺,技术创新经常出现青黄不接的现象。诸多国有研发机构没有与木塑企业建立有效的沟通、协调和合作机制,相互间的交流较少,科研成果转化进程缓慢。如果不建立技术创新的联动机制,则这类问题很难得到满意解决。

## 15.2.3　技术整合亟待完成

多数木塑生产企业工艺技术薄弱,缺乏创新手段。要实现中国木塑产业的品质提升和整体进步,必须进行国内木塑产业集群的技术整合,积聚已有的木塑产业力量,推动木塑产业集群的发展进程,突出科技创新和先进技术对木塑产业发展所起的提升作用。

## 15.2.4　品种开拓创新不足

全国木塑材料的总体设计生产能力尚可,但生产线配置不够理想,产品品种规格杂乱,集约化的高值成套产品尤其短缺,导致实际产销量大大低于设计产能,规模效益、附加效益无从体现,使木塑材料及其制品面对市场时,经常是仅有优势倾向而不能确立决定性的胜势。

## 15.2.5　产品技术标准缺位

木塑复合材料目前处于既无行业标准,又无国家标准的境况,多数企业实际上是在"摸着石头过河"。而标准管理体制的不顺畅又加剧了这种混乱的状况,现在一些行业外的组织加入木塑标准制定权利的争夺中,十分不利于科学标准的制定,对木塑产业的健康发展是一个潜在的危害。

## 15.2.6　市场推广不到位

由于木塑复合材料系新兴科技产物,各类资讯又错综复杂,人们对其了解程度较低,仅靠企业自身宣传或行业协会推广远远不够。木塑材料市场推广的缺位对其迅速发展扩张极其不利,而市场的不成熟会使相当一部分木塑企业客观上处于孤芳自赏的状态。

## 15.3　具体措施

(1)规范产业发展,防止无序竞争,有条件地扶持骨干企业和企业集群发展。根据中国木塑产业的现状制定"木塑产业投资指南",逐步提高木塑产业项目建设门槛,努力改变木塑产业小、散、乱的状态,培养具有国际竞争力的大型骨干企业。

(2)积极利用国家各项政策,有效吸引各类投资,大力改变国内木塑产业研发投入不足的状态。在合适的时候成立"产业技术创新联盟",建立技术创新的联动机制,逐步开放一些技术平台和实用技术,加快科研成果转化进程,增强木塑企业与研发机构的有效沟通、协调和合作,提高木塑产业的科技含量。

(3)探索建设木塑复合材料创新技术体系,加快产业发展步伐。从原料配方、塑化工艺、产品成型和质量控制几个关键环节着手,重点研发木塑产品集成化加工技术和自动控制技术。根据生物质塑化材料的特性,进一步丰富木塑产品加工手段,逐步形成挤出、注塑、模压三大主力成型技术体系。

(4)尽快解决生物质塑化技术中原料的专用性和通用性问题。首先解决原料的专用木粉处理技术;其次根据产品不同类别的需求,筛选出数种通用型的生物质塑化原料配方,通过行业协会的渠道或技术创新联盟的窗口予以开放,打通长期困扰木塑产业投资和发展的瓶颈。

(5)丰富木塑产品多元化课题。利用木塑材料制备和应用的多元化优势,把木塑材料从狭隘的替代模式中释放出来,将其应用领域从建筑装修、市园林扩充到交通、铁路、航运、汽车、电器、包装等更广泛的层面,强化其性能特色,最大限度地实现从低值化材料向高值化应用材料的转变。

(6)逐步实现木塑装备专业化。要坚持改变木塑生产装备基本由塑料机械改装而成的现状,研发制造符合木塑复合材料生产特点的成套设备,并使其在节能降耗和环境保护方面臻于自动化、专业化、系列化、规范化和标准化。

(7)利用我国现有的木塑技术优势和与国际同行交流的平等话语权,加快建立木塑材料/产品的质量检测标准体系,力争在质量标准层面提高中国木塑产业在国际上的竞争力和影响力,为中国木塑全面融入业界主流奠定基础。

## 15.4　宏观产业目标

生物质(木塑)复合材料所具有的各种优点不仅非常符合建筑业、装修业、家具业、交通业、物流业、包装业等领域的使用要求,而且能解决部分农林副产品和塑料制品废弃资源的再生利用问题。随着木塑产业工艺技术的逐步提升和成熟,各类木塑材料/制品在国内外还在继续渗入建筑、装饰、园林、物流、包装、环保、体育、军事,甚至能源等领域,随着新工艺/产品的不断出现,木塑材料的应用范围还可以不断扩大。根据国家循环经济和产业发展政策的导向,在各类投资者的追捧下,具有资源节约和环境保护两大优势的生物质塑化新材料在不久的将来必定会有更大的发展,大型产业集团或区域产业集群在国内的出现也可能仅仅是时间问题。2017年传统木塑复合材料总产量达705万吨左右,产值超过720亿元。如果能够较好地借鉴创新木塑制造新技术,未来的新型生物质(木塑)复合材料完全有可能成为木材、金属、塑料、陶瓷、水泥、玻璃等传统材料的有力竞争者,进而扩展成为产值达数千亿元的新兴产业,不仅可以为国内循环经济和资源节约发展做出贡献,而且可能为全球材料领域带来一场前所未有的绿色革命。

## 15.5　工作建议

(1)将生物质(木塑)复合材料产业作为国家发展循环经济和资源综合利用的重点支持产业,落实国家生物质复合材料项目的产业化决策,大力推进国内木塑企业的产业化进程,扩大木塑产业的规模,扶持木塑产业做大做强。

(2)保持国家资源综合利用政策的稳定性和连续性,在《资源综合利用目录》等政策文件中应该明确对木塑复合材料的科学界定,制定具有可操作性的定性、定量标准,改变某些条款中似是而非的提法,改变"一地一策"的不合理状况,让从事木塑产业的企业都能够享受到国家在财税方面给予的优惠待遇。

(3)按照国家中长期科技规划要求,支持鼓励企业成为自主技术创新主体,积极进行资源整合,在国内有针对性地重点培养、支持几个骨干木塑企业,在此基础上建立国家级木塑产业示范基地,以及组建国家生物质(木塑)复合材料工程研究中心,为木塑产业的发展确立标杆和榜样。

（4）支持木塑产业拓展国内外市场，为木塑产业的发展壮大提供必要的帮助。在确保产品质量的前提下，利用政府采购自主创新产品的协调机制，将木塑制品纳入政府采购物品目录，由政府部门带头推广应用这类有效利用再生资源、环保功能优异的材料，着力加快木塑产业的市场化进程。

（5）迅速组织、协调制定有关生物质（木塑）复合材料的国家/行业标准，将其列入国家资源综合利用标准制定计划，规范木塑材料及产品的生产、销售。现在木塑产业产品种类增多，品质成熟，市场不断扩大，不能因为缺少统一质量标准而影响到中国木塑产业的国际化步伐。

（6）生物质（木塑）复合材料项目在国家发改委、科技部等部门的大力支持下，发展迅速、成绩斐然。仅从国债资金项目申报评审数量来看，已从 2009 年的 20 多个发展到 2015 年的近 50 个，但由于技术力量和发展进程不均衡等原因，有些项目实施状况并不尽如人意，不仅浪费财力、物力，而且可能产生负面影响。所以对预算内资金项目的引导监管和统一协调尤显重要。

# 参考文献

[1] 邴娟林,李承志.透过金融危机看国内 PVC 产业的发展前景[J].聚氯乙烯,2010,38(5):1-12.

[2] 蔡红珍,柏雪源,易维明,等.麦秸/聚乙烯复合材料的研究[J].林业科技,2007,32(6):42-44.

[3] 蔡闻峰.树脂基碳纤维复合材料成型工艺现状及发展方向[J].航空制造技术,2008(10):54-57.

[4] 陈清林.毛竹叶化学成分对叶部主要害虫影响的通径分析[J].世界竹藤通讯,2006,4(3):36-38.

[5] 陈婷.浅谈树脂基复合材料的成型工艺[J].山东工业技术,2015(4):6.

[6] 陈蔚,成理,张晨乾,等.CCF300/5228A 复合材料 RFI 成型工艺参数[J].航空材料学报,2014(6):54-61.

[7] 陈跃鹏,武永琴.航空工业复合材料制件成型工艺进展[J].科技与企业,2012(13):346.

[8] 杜凡.云南重要经济竹种特性及其生产中存在问题[J].西南林学院学报,2003,23(2):26-31.

[9] 方征平,蔡国平,曾敏峰,等.EAA 对 LLDPE 木粉复合材料的改性[J].中国塑料,1999,15(11):44-46.

[10] 郭丽敏,白彦坤.低碳、环保的植物纤维餐具[N].中国包装报,2010-12-01.

[11] 郭文静,王正.LLDPE/PS 塑料合金及其与木纤维形成复合材料的研究[J].林业科学,2006,42(3):59-66.

[12] 何莉萍,田永,吴振军,等.剑麻纤维增强聚丙烯复合材料的拉伸性能[J].材料科学与工程学报,2008,26(3):395-399.

［13］何亚飞.树脂基复合材料成型工艺的发展［J］.纤维复合材料,2011(2):7-13.

［14］胡火生.楠竹资源开发和栽培技术要点［M］.北京:中国农业科学技术出版社,2009.

［15］江泽慧.世界竹藤［M］.沈阳:辽宁科学技术出版社,2002.

［16］蒋乃翔,刘志明,任海清,等.不同竹龄毛竹细胞壁总酚酸类物质的含量变化［J］.竹子研究汇刊,2010,29(1):24-31.

［17］近藤精一,石川达雄,安部郁夫.吸附科学［M］.北京:化学工业出版社,2007.

［18］孔令照,李光明,张波,等.纤维素废弃物水热处理制 H2 的研究进展［J］.环境污染治理技术与设备,2006,7(9):7-12.

［19］匡宁,陈同海,钱育胜,等.中空复合材料的成型工艺及应用进展［J］.工程塑料应用,2015,01:120-123.

［20］雷文,张长生.苎麻布/聚丙烯复合材料的力学性能［J］,复合材料学报,2008,25(1):40-45.

［21］李坚.生物质复合材料科学［M］.北京:科学出版社,2008.

［22］李建新,王永川,张美琴,等.国内城市生活垃圾特性及其处理技术研究［J］.热力发电,2006(1):11-15.

［23］李兰杰,朱胜杰,刘赞,等.干燥处理对 PE/松木粉复合材料性能的影响［J］.合成树脂及塑料,2005,22(3):22-25.

［24］李敏秀,李克忠,胡景初.以节约材料为目标的木质家具产品设计方法［J］.林产工业,2009(6):45-48.

［25］李思良,曾湘云,刘易凡.木粉填充 PP 的力学性能［J］.塑料,1998,27(3):30-32.

［26］李武,张占宽,李伟光.弧形竹片干燥过程中半径变化规律的研究［J］.竹子研究汇刊,2010,29(1):45-50.

［27］林金国,陈金明,王水英,等.不同种源毛竹材纤维形态和化学成分的变异［J］.竹子研究汇刊,2010,29(1):54-58.

［28］林金国,王水英,刘主凰,等.不同种源毛竹材纤维形态和化学成分的变异［C］.第三届全国生物质材料科学与技术学术研讨会,2009.

［29］林群芳,周晓东,戴干策,等.木粉增强聚丙烯力学性能的改善方法［J］.现代化工,2002,23(5):51-57.

[30] 林振清,郑郁善,李岱一,等.毛竹林丰产高效培育[M].福建:福建科学技术出版社,2009.

[31] 刘刚,罗楚养,李雪芹,等.复合材料厚壁连杆RTM成型工艺模拟及制造验证[J].复合材料学报,2012(4):105-112.

[32] 刘广路,范少辉,官凤英,等.不同年龄毛竹营养器官主要养分元素分布及与土壤环境的关系[J].林业科学研究,2010,23(2):252-258.

[33] 刘力,郭建忠,卢凤珠.几种农林植物秸秆与废弃物的化学成分及灰分特性[J].浙江林学院学报,2006,23(4):388-392.

[34] 刘志杰,闫超,罗辑,等.复合材料多隔板框梁结构的RTM工艺成型[J].玻璃钢/复合材料,2015(1):82-87.

[35] 娄瑞,武书彬,谭扬,等.毛竹酶解/温和酸解木素的热解特性[J].南京理工大学学报(自然科学版),2009,33(6):824-828.

[36] 鲁顺保,申慧,张艳杰,等.厚壁毛竹的主要化学成分及热值研究[J].浙江林业科技,2010,30(1):57-61.

[37] 罗华河.毛竹生物学特性与栽培管理措施[J].中国林副特产,2004(6):29-31.

[38] 钱伯章.国内外PVC行业分析[J].聚氯乙烯,2010,38(9):1-12.

[39] 闻明涛,姚晨光,宋洪赞,等.PEN短纤维增强PTT复合材料的流变性能及力学性能[J].高分子材料科学与工程,2008,24(2):67-70.

[40] 邵刚强,李国萍.竹纤维-聚丙烯复合材料板材的成型工艺研究及优化[J].合成纤维,2015(1):40-42.

[41] 邵顺流,朱汤军,何正萍,等.毛竹无胶粘剂蒸爆板的制造和特性研究[J].浙江林业科技,2007,27(3):34-38.

[42] 石磊,赵由才,柴晓得.我国农林物秸秆的综合利用技术进展[J].中国沼气,2005,23(2):11-14.

[43] 宋艳江,章刚,朱鹏,等.玻璃纤维改性热塑性聚酰亚胺复合材料弯曲性能(Ⅱ)——高温力学性能[J].南京工业大学学报(自然科学版),2008,30(3):43-46.

[44] 宋永明,肖泽芳,王清文.木粉/再生聚苯乙烯复合材料的动态机械性质分析[J].东北林业大学学报,2004,32(5):29-31.

[45] 谭小波.试论酚醛树脂及其复合材料成型工艺的研究进展[J].山东工业技术，2015(24):7.

[46] 唐文莉,彭镇华,高健.毛竹(Phyllostachys edulis)光系统Ⅰ基因 LhcaPe02 全长的克隆与序列分析[J].安徽农业大学学报,2008,35(2):153-158.

[47] 唐永裕.竹材资源的工业性开发利用[J].竹子研究汇刊,1997,16(2):26-33.

[48] 涂伟,郑贤义,赵鹏.基于 VARI 工艺的复合材料成型技术探讨[J].广船科技,2014(3):37-40.

[49] 汪奎宏,黄伯惠.中国毛竹[M].杭州:浙江科学技术出版社,1996.

[50] 汪佑宏,田根林,刘杏娥,等.不同海拔高度对毛竹主要物理力学性质的影响[J].安徽农业大学学报,2007,34(2):222-225.

[51] 王春红,王瑞,沈路,等.亚麻落麻纤维/聚乳酸基完全可降解复合材料的成型工艺[J].复合材料学报,2008,25(2):63-67.

[52] 王共冬,王军,王巍.粗糙集在复合材料成型工艺事例推理中应用[J].武汉理工大学学报,2012(6):27-31.

[53] 王玮,倪忠斌,张红武.ABS/木粉复合材料的力学性能研究[J].中国塑料,2005,19(1):31-33.

[54] 王晓燕.生物油及相关生物质原料的特性分析[D].长春:吉林农业大学,2005.

[55] 王永红,郭敏骁,林星.某型飞机隔音复合材料内装饰成型工艺研究[J].航空制造技术,2012(7):81-83,88.

[56] 王正,王志玲,任一萍,等.功能性共聚物偶联剂制备麦秸-回收 LDPE 复合材料的性能及其影响因子[J].林业科学,2007,43(7):67-73.

[57] 王正,郭文静.丛生竹物理力学性能及其对制造竹建筑材料的影响[J].世界竹藤通讯,2003,1(1):25-28.

[58] 魏俊伟,郭万涛,张用兵.夹芯结构复合材料构件 VARI 工艺仿真计算与成型实验[J].材料开发与应用,2012(2):51-58.

[59] 肖良成,周早弘.食用笋集约经营开发技术[J].江西园艺,2004(3):19-21.

[60] 肖亚航,傅敏士.木粉/ABS 复合材料的热压成型工艺研究[J].塑料工业,2004,32(12):58-60.

[61] 谢超.复合材料成型工艺方法的研讨[J].湖南农机,2014(9):62-63.

［62］谢芳.毛竹节间性状及其海拔效应研究［J］.江西农业大学学报,2002,24(1):86-89.

［63］徐伟丽,张玉生,张璇等.大尺寸多格栅复合材料框架共固化成型工艺［J］.宇航材料工艺,2014(6):46-48.

［64］许民,陈磊,李坚.基于ANSYS的稻秸/PS层合复合材料保温性能仿真分析［J］.林业科学,2007,43(12):122-125.

［65］许民,王克奇.麦秸/聚苯乙烯复合材料工艺参数研究［J］.林业科学,2006,42(3):67-71.

［66］杨川.芳纶纤维柔性复合材料制备及其防刺性能研究［D］.哈尔滨:哈尔滨工业大学,2010.

［67］杨芳.浅谈毛竹科学栽培技术［J］.中国新技术新产品,2009(18):232.

［68］杨胜.饲料分析及饲料质量检测技术［M］.北京:北京农业大学出版社,1993.

［69］杨文志,朱锡,陈悦,等.复合材料螺旋桨RTM成型工艺研究［J］.材料科学与工艺,2015,23(6):87-92.

［70］叶忠华.毛竹材特性及工业利用分析［J］.林业科技,2002,27(3):39-43.

［71］易回阳,肖建中.正交设计确定模压条件对HDPE/CB复合材料PTC强度的影响［J］.高分子材料科学与工程,2008,24(1):120-123.

［72］殷东平,王亚锋,李直.某复合材料机载构件制造工艺研究［J］.电子机械工程,2010,26(5):43-45.

［73］张庐陵,张沂泉,蒋天弟,等.竹屑粉酚醛树脂复合材料及其力学性能［J］.南京林业大学学报(自然科学版),2006,30(1):95-97.

［74］张明珠,薛平,周甫萍.木粉/再生热塑性塑料复合材料性能的研究［J］.塑料,2000,29(5):59-40.

［75］张齐生,孙丰文.我国竹材工业发展展望［J］.林产工业,1999,26(4):3-5.

［76］张齐生,关明杰,纪文兰.毛竹材质生成过程中化学成分的变化［J］.南京林业大学学报(自然科学版),2002,26(2):7-13.

［77］张齐生.我国竹材加工利用要重视科学和创新［J］.浙江林学院学报,2003,20(1):1-4.

［78］张齐生.中国竹材工业化利用［M］.北京:中国林业出版社,1995,7.

[79] 张胜佳. 环氧树脂增韧的研究进展[J]. 宁波化工,2015(1):1-6.

[80] 赵娟. 基于 ANSYS 的碳纤维复合材料传动轴的铺层设计[D]. 武汉:武汉理工大学,2011.

[81] 赵义平,刘敏江,张环. 木粉填充 LDPE 回收料的研究[J]. 现代塑料加工应用,2005,15(4):13-15.

[82] 赵义平. PVC/木粉填充体系性能的研究[D]. 天津:天津轻工业学院,2001.

[83] 郑蓉. 不同海拔毛竹竹材化学组成成分分析[J]. 浙江林业科技,2001,21(1):17-21.

[84] 钟鑫,薛平,丁筠. 改性木粉/PVC 复合材料的性能研究[J]. 中国塑料,2004,18(3):62-66.

[85] 钟鑫,薛平,丁筠. 木塑复合材料性能研究的关键问题[J]. 工程塑料应用,2003,31(1):67-72.

[86] 周芳纯. 竹林培育和利用[M]. 南京:南京林业大学出版社,1998.

[87] 朱晓群,周亨近,魏浩,等. 木粉/HDPE 复合材料的力学性能与流动性能[J]. 北京化工大学学报,2001,28(1):56-58.

[88] 邹跃国. 海拔对毛竹林经济性状的影响研究[J]. 世界竹藤通讯 2010,8(2):11-16.

[89] Abe K,Yano H. Comparison of the characteristics of cellulose microfibril aggregates isolated from fiber and parenchyma cells of Moso bamboo (Phyllostachys pubescens)[J]. Cellulose,2010,17(2):271-277.

[90] Abu B A,Baharulrazi N. Mechanical properties of benzoylated oil palm empty fruit bunch short fiber reinforced poly(vinyl chloride) composites[J]. Polymer-Plastics Technology and Engineering,2008,47(10):1072-1079.

[91] Abu B A,Hassan A,Mohd Y A F. Comparative study of the effects of chlorinated polyethylene and acrylic impact modifier on the thermal degradation of poly(vinyl chloride) compounds and poly(vinyl chloride)/(oil palm empty fruit bunch) composites[J]. Journal of Vinyl and Additive Technology,2010,16(2):135-140.

[92] Abu B A,Hassan A,Mohd Y A F. Mechanical and thermal properties of oil

palm empty fruit bunch-filled unplasticized poly (vinyl chloride) composites [J]. Polymers and Polymer Composites,2005,13(6):607-617.

[93] Abu B A,Keat T B,Hassan A. Tensile properties of a poly(vinyl chloride) composite filled with poly(methyl methacrylate) grafted to oil palm empty fruit bunches[J]. Journal of Applied Polymer Science,2010,115(1):91-98.

[94] Agarwal R,Saxena N S,Sharma K B,et al. Temperature dependence of effective thermal conductivity and thermal diffusivity of treated and untreated polymer composites[J]. Journal of Applied Polymer Science,2003,89(6):1708-1714.

[95] Albano C,Reyes J,González M,et al. Mathematical analysis of the mechanical behavior of Co-60-irradiated polyolefin blends with and without woodflour[J]. Polymer Degradation and Stability,2001. 73(1):39-45.

[96] Albano C, Reyes J, Ichazo M, et al. Analysis of the mechanical,thermal and morphological behaviour of polypropylene compounds with sisal fibre and wood flour,irradiated with gamma rays[J]. Polymer Degradation and Stability,2002. 76(2):191-203.

[97] Albano C, Reyes J, Ichazo M, et al. Influence of gamma irradiation on the thermal stability of blends of PP with previously treated sisal fiber[J]. Polymer Degradation and Stability,2001. 73(2):225-236.

[98] Albertsson A C. Biodegradation of synthetic-polymers. A Limited microbial conversion of C-14 in polyethylene to $(CO_2)$-C-14 by some soil fungi[J]. Journal of Applied Polymer Science,1978(22):3419.

[99] Alix S,Lebrun L,Morvan C,et al. Study of water behaviour of chemically treated flax fibres-based composites:A way to approach the hydric interface [J]. Composites Science Technology,2011,71:893-899.

[100] Aminullah A,Mustafa S J S,Azlan M R N,et al. Effect of filler composition and incorporation of additives on the mechanical properties of polypropylene composites with high loading lignocellulosic materials[J]. Journal of Reinforced Plastics and Composites,2010,29(20):3115-3124.

[101] Andersson M. Acetylation of jute-effects on strength, rots resistance, and

hydrophobicity[J]. Journal of Applied Polymer Science, 1989, 37:3437.

[102] Angles M N, Ferrando F, Farriol X, et al. Suitability of steam exploded residual softwood for the production of binderless panels. Effect of the pretreatment severity and lignin addition[J]. Biomass and Bioenergy, 2001, 21 (3):211-224.

[103] Ashori A, Nourbakhsh A. Performance properties of microcrystalline cellulose as a reinforcing agent in wood plastic composites[J]. Composites Part B: Engineering, 2010, 41(7):578-581.

[104] Bicker M, Endres S, Ott L, et al. Catalytical conversion of carbohydrates in subcritical water: A new chemical process for lactic acid production[J]. Journal of Molecular Cataysis A:Chemical, 2005(239):151-157.

[105] Bobleter O. Hydrothermal degradation of polymers derived from plants[J]. Progress of Polymer Science, 1994, 19(5):797-841.

[106] Bondeson D, Syre P, Niska K O. All cellulose nanocomposites produced by extrusion[J]. Biobased Mater Bioenergy, 2007, 1(3):367-71.

[107] Briggs D. Multi-functional materials and structures[C]. 2nd International Conference on Multi-functional Materials and Structures, 2009.

[108] Cetin N S, Tingaut P, Ozmen N, et al. Acetylation of cellulose nanowhiskers with vinyl acetate under moderate conditions[J]. Macromolecular Bioscience, 2009, 9 (10):997-1003.

[109] Chaharmahali M, Tajvidi M, Najafi S K. Mechanical properties of wood plastic composite panels made from waste fiberboard and particleboard[J]. Polymer Composites, 2008, 29(6):606-610.

[110] Chang V S, Holtzapple M T. Fundamental factors affecting biomass enzymatic reactivity[J]. Applied Biochemistry and Biotechnology, 2000, 86(1-9):5-37.

[111] Cheng Q Z, Shaler S. Moisture movement in wood polypropylene composites [J]. European Journal of Wood and Wood Products, 2010, 68(4):463-468.

[112] Chiwa M, Onozawa Y, Otsuki K. Hydrochemical characteristics of throughfall and stemflow in a Moso-bamboo (Phyllostachys pubescens) forest[J]. Hydrological

Processes,2010,24(20):2924-2933.

[113] Clemons C. Elastomer modified polypropylene-polyethylene blends as matrices
for wood flour-plastic composites[J]. Composites Part A:Applied Science and
Manufacturing,2010,41(11):1559-1569.

[114] Cruz-Estrada R H,Martinez-Tapia G E,Canche-Escamilla G,et al. A preliminary
study on the preparation of wood-plastic composites from urban wastes generated in
Merida, Mexico with potential applications as building materials[J]. Waste
Management and Research,2010,28(9):838-847.

[115] Deng S Q,Tang Y H. Increasing load-bearing capacity of wood-plastic composites by
sandwiching natural and glass fabrics[J]. Journal of Reinforced Plastics and
Composites,2010,29(20):3133-3148.

[116] Dikobe D G,Luyt A S. Comparative study of the morphology and properties of
PP/LLDPE/wood powder and MAPP/LLDPE/wood powder polymer blend
composites[J]. Express Polymer Letters,2010,4(11):729-741.

[117] Dinteheva N T,LaMant F P. Recycling of the light fractiono from municipal
post-consumer plastics:Effect of adding wood fibers[J]. Polymer for Advanced
Technologies,1999. 10(10):607-614.

[118] Fabiyi J S,McDonald A G. Effect of wood species on property and weathering
performance of wood plastic composites[J]. Composites Part A:Applied Science and
Manufacturing,2010,41(10):1434-1440.

[119] Fang Z,Sato T,Smith R L,et al. Reaction chemistry and phase behaviour of lignin
in high-temperature and super critical water[J]. Bioresource Technology,2008,99
(9):3424-3430.

[120] Fink B K,Don R C,Gillespie,John W J. Development of a distributed direct
current sensor system for intelligent resin transfer molding [J]. Defense
Technical Information Center,1999,8(3):27-32.

[121] Francucci G,Rodríguez E S,Morán J. Novel approach for mold filling simulation of
the processing of natural fiber reinforced composites by resin transfer molding[J].
Journal of Composite Materials,2014,48(2):191-200.

［122］Fujii T，Okubo K，Yamashita N. Development of high performance bamboo composites using micro fibrillated cellulose［J］. High Performance Structures and Materials,2004（Ⅱ）:421-431.

［123］Gacitua W,Bahr D,Wolcott M. Damage of the cell wall during extrusion and injection molding of wood plastic composites［J］. Composites Part A:Applied Science and Manufacturing,2010,41(10):1454-1460.

［124］Goto M,Obuchi R,Hirose T,et al. Hydrothermal conversion of municipal organic waste into resources［J］. Bioresource Technology,2004,93（3）:279-284.

［125］Gratani L,Crescente M F,Varone L,et al. Growth pattern and photosynthetic activity of different bamboo species growing in the Botanical Garden of Rome［J］. Flora,2008,203(1):77-84.

［126］Gui Y J,Zhou Y,Wang Y,et al. Insights into the bamboo genome:Syntenic relationships to rice and sorghum［J］. Journal of Integrative Plant Biology,2010,52(11):1008-1015.

［127］Gwon J G,Lee S Y,Chun S J,et al. Effects of chemical treatments of hybrid fillers on the physical and thermal properties of wood plastic composites［J］. Composites Part A:Applied Science and Manufacturing,2010,41(10):1491-1497.

［128］Hristov V T,Vasileva S T. Deformation mechanisms and mechanical properties of modified polypropylene/wood fiber composites［J］. Polymer Composites,2004,25(5):521-526.

［129］Higuchi T. Biochemical studies of lignin formation［J］. Plant Physiology,1957,10:633-648.

［130］Jiang H,Kamdem D P. Effects of copper amine treatmen ton mechanical properties of PVC/Wood-Flour composites［J］. Journal of Vinyl and Assistive Technology,2004,10(2):70-78.

［131］Jin F M,Zhou Z Y,Kishita A,et al. Hydrothermal conversion of biomass into acetic acid［J］. Journal of Materials Science,2006,41:1495-1500.

［132］Jin F M,Zhou Z Y,Moriya T,et al. Controlling hydrothermal reaction pathways to improve acetic acid production from carbohydrate[J]. Environmental Science and Technology,2005,39(6):1893-1902.

[133] Jomaa S，Shanableh A，Khalil W，et al. Hydrothermal decomposition and oxidation of the organic component of municipal and industial waste products [J]. Advances in Environmental Research,2003,7(3):647-653.

[134] Jonoobi M，Harun J，Mathew A P，Oksman K. Mechanical properties of cellulose nanofiber(CNF) reinforced polylactic acid (PLA) prepared by twin screw extrusion[J]. Composite Science Technology,2010,70(12):1742-1747.

[135] Karagöz S，Bhaskar T，Muto A，et al. Low-temperature catalytic hydrothermal treatment of wood biomass: analysis of liquid products[J]. Chemical Engineering Journal,2005,108(1-2):127-137.

[136] Karagöz S，Bhaskar T，Muto A，et al. Low-temperature hydrothermal treatment of biomass: Effect of reaction parameters on products and boiling point distributions [J]. Energy and Fuels,2004,18(1):234-241.

[137] Karmarkar A，Chauhan S S，Modak J M，et al. Mechanical properties of wood-fiber reinforced polypropylene composites: Effect of a novel compatibilizer with isocyanate functional group[J]. Composites Part A: Applied Science and Manufacturing,2007,38(2):227-233.

[138] Kastnev H，Kaminsky W. Recycle of plastics into feedstocks[J]. Hydrocarbon Process,1995,74:109-112.

[139] Khalil H A，Bhat A，Yusra A I. Green composites from sustainable cellulose nanofibrils: A review[J]. Carbohydr Polym,2012,87(2):963-79.

[140] Khoathane M C，Vorster，O C. Sadiku E R. Hemp fiber-reinforced 1-pentene/polypropylene copolymer: The effect of fiber loading on the mechanical and thermal characteristics of the composites[J]. Journal of Reinforced Plastics and Composites,2008,27(14):1533-1544.

[141] Kim T H，Lee Y Y. Pretreatment and fractionation of corn stover by ammonia recycle percolation process[J]. Bioresource Technology,2005,96 (18):2007-2013.

[142] Komatsu H，Onozawa Y，Kume T，et al. Stand-scale transpiration estimates in

a moso bamboo forest: II. Comparison with coniferous forests[J]. Forest Ecology and Management,2010,260(8):1295-1302.

[143] Kristensen J B,Thygesen L G,Felby C,et al. Cell-wall structural changes in wheat straw pretreated for bioethanol production[J]. Biotechnology for Biofuels, 2008,1(1):5-16.

[144] Kritzer P,Dinjus E. An assessment of supercritical water oxidation (SCWO)- Existing problems,possible solutions and new reactor concepts[J]. Chemical Engineering Journal,2001,83(3):207-214.

[145] Kumari R,Ito H,et al. Fundamental studies on wood/cellulose-plastic composites: Effects of composition and cellulose dimension on the properties of cellulose/PP composite[J]. Journal of Wood Science,2007,53(6):470-480.

[146] Kushwaha P K,Kumar R. Bamboo fiber reinforced thermosetting resin composites: Effect of graft copolymerization of fiber with methacrylamide[J]. Journal of Applied Polymer Science,2010,118(2):1006-1013.

[147] Laser M,Schulman D,Allen S G,et al. A comparison of liquid hot water and steam pretreatments of sugar cane bagasse for bioconversion to ethanol[J]. Bioresource Technology,2002,81(1):33-44.

[148] Lee A,Bai X,Peralta P. Physical and mechanical properties of strandboard made from moso Bamboo[J]. Forest Prodcts,1996,46:84-88.

[149] Lee C H,Wu T L,Chen Y L,et al. Characteristics and discrimination of five types of wood-plastic composites by FTIR spectroscopy combined with principal component analysis[J]. Holzforschung,2010,64(6):699-704.

[150] Lee Y J,Chung C H,Day D F. Sugarcane bagasse oxidation using a combination of hypochlorite and peroxide[J]. Bioresource Technology,2009,100(2):935-941.

[151] Liese W. Advances in bamboo research[J]. Journal of Nanjing Forestry University, 2001,25(4):1-6.

[152] Lin Q,Zhou X,Dai G. Effect of hydrothermal environment on moisture absorption and mechanical properties of wood flour-filled polypropylene composites[J]. Journal of Applied Polymer Seience,2002,85(14):2824-2832.

[153] Liu D T，Chen Y. The impact behavior of ecofriendly cellulosic fiber-based packaging composites[J]. Wood and Fiber Science，2010，42(4)：460-466.

[154] Liu Y，Lu X Y，Tao Y，et al. Plasma surface treatment of wood powder/polyethylene composites-effect of treatment time on surface characteristics of the composites[J]. Acta Polymerica Sinica，2010，6：782-787.

[155] Liu Y，Tao Y，Lu X Y，et al. Study on the surface properties of wood/polyethylene composites treated under plasma[J]. Applied Surface Science，2010，257（3）：1112-1118.

[156] Lopattananon N，Payae Y，Seadan M，et al. Influence of fiber modification on interfacial adhesion and mechanical properties of pineapple leaf fiber-epoxy composites[J]. Journal of Applied Polymer Science，2008，110(1)：433-443.

[157] Mahdavi S，Kermanian H，Varshoei A. Comparison of mechanical properties of date palm fiber-polyethylene composite[J]. Bioresources，2010，5(4)：2391-2403.

[158] Malester I A，Green M，Shelef G. Kinetics of dilute acid hydrolysis of cellulose originating from municipa solid wastes[J]. Industrial and Engineering Chemistry Research，1992，31(8)：1998-2003.

[159] Masoodi R，Pillai K M，Grahl N，et al. Numerical simulation of LCM mold-filling during the manufacture of natural fiber composites[J]. Journal of Reinforced Plastics and Composites，2012，31(6)：363-78.

[160] Matuana L M，Park C B，Balatinecz J J. Cell morphology and property relationships of microcellular foamed PVC/wood-fiber composites[J]. Polymer Engineering and Science，1998，38(11)：1862-1872.

[161] Matuana L M，Woodhams R T，Balatinecz J J，et al. Influence of interfacial interactions on the properties of PVC cellulosic fiber composites[J]. Polymer Composites，1998，19(4)：446-455.

[162] Matuana L M，Balatinecz J J. Effect of surface properties on the adhesion between PVC and wood veneer laminates[J]. Polymer Engineering and Science，1998，38(5)：765-773.

[163] Mengeloglu F，Kurt R，et al. Mechanical properties of extruded high density

polyethylene and polypropylene wood flour decking boards[J]. Iranian Polymer Journal,2007,16(7):477-487.

[164] Minowa T,Zhen F,Ogi T,et al. Decomposition of cellulose and glucose in hot-compressed water under catalyst-free conditions [J]. Journal of Chemical Engineering of Japan,1998,31:131-134.

[165] Minowa T, Zhen F, Ogi T. Cellulose decomposition in hotcompressed water with alkali or nickel catalyst[J]. Journal of Supercritical Fluids, 1997, 13: 253-259.

[166] Mizuta K, Ichihara Y, Matsuoka T, et al. Mechanical properties of loosing natural fiber reinforced polypropylene[J]. High Performance Structures and Materials,2006,85:189-198.

[167] Mohanty A K, Wibowo A, et al. Development of renewable resource-based cellulose acetate bioplastic:Effect of process engineering on the performance of cellulosic plastics[J]. Polymer Engineering and Science,2003,43(5):1151-1161.

[168] Mok W S L,Antal M J,Varhegyi G. Productive and parasitic pathways in dilute-acid-catalyzed hydrolysis of cellulose[J]. Industrial and Engineering Chemistry Research,1992,31(1):94-100.

[169] Mubarak A K,Hassan M M,Taslima R,et al. Role of pretreatment with potassium permanganate and urea on mechanical and degradable properties of photocured coir (cocos nucifera) fiber with 1,6-Hexanediol Diacrylate[J]. Journal of Applied Polymer Science,2006,100(6):4361-4368.

[170] Nguyen V H. Characterization of natural fiber and modeling resin transfer molding process in natural fiber perform[D]. 2014.

[171] Norma E M, Villar M A. Thermal and mechanical characterization of linear low density polyethylene/wood flour composites [J]. Journal of Applied Polymer Science,2003,90(10):2775-2784.

[172] Nourbakhsh A,Ashori A,Tabari H Z,et al. Mechanical and thermo-chemical properties of wood-flour/polypropylene blends[J]. Polymer Bulletin,2010,65 (7):691-700.

［173］ Nourbakhsh A，Kokta B V，Ashori A，et al. Effect of a novel coupling agent，polybutadiene isocyanate，on mechanical properties of wood-fiber polypropylene composites［J］. Journal of Reinforced Plastics and Composites，2008，27(16-17)：1679-1687.

［174］ Obataya E，Kitin P，Yamauchi H. Bending characteristics of bamboo (phyllostachys pubescens) with respect to its fiber-foam composite structure［J］. Wood Science and Technology，2007，41：385-400.

［175］ Ohmae Y，Nakano T. Water adsorption properties of bamboo in the longitudinal direction［J］. Wood Science Technology，2009，43：415-422

［176］ Oksman K，Clemons C. Meehanical properties and morphology of impact modified polypropylene-wood flour composites［J］. Journal of Applied Polymer Science，1998，67(9)：1503-1513.

［177］ Ou R X，Zhao H，Sui S J，et al. Reinforcing effects of Kevlar fiber on the mechanical properties of wood-flour/high-density-polyethylene composites［J］. Composites Part A：Applied Science and Manufacturing，2010，41(9)：1272-1278.

［178］ Pandey G，Deffor H，Thostenson E T，et al. Smart tooling with integrated time domain reflectometry sensing line for non-invasive flow and cure monitoring during composites manufacturing［J］. Composites Part A：Applied Science and Manufacturing，2013，47：102-8.

［179］ Paul S A，Piast D，Spange S，et al. Solvatochromic and electrokinetic studies of banana fibrils prepared from steam-exploded banana fiber［J］. Biomacromolecules，2008，9(7)：1802-1810.

［180］ Pickering K L，Beckermann G W，Alam S N，et al. Optimising industrial hemp fibre for composites［J］. Composites Part A：Applied Science and Manufacturing，2007，38(2)：461-468.

［181］ Pothan V L A，Laly A，Saxena N S，et al. Temperature dependence of thermo-mechanical properties of banana fiber-reinforced polyester composites［J］. Advanced Composite Materials，2008，17(1)：89-99.

［182］ Qiu W L，Zhang F R，Endo T，et al. Effect of maleated polypropylene on the performance of polypropylene/cellulose composite[J]. Polymer Composites, 2005,26(4):448-453.

[183] Quintana G,Velásquez J,Betancourt S,et al. Binderless fiberboard from steam exploded banana bunch[J]. Industrial Crops and Products,2009,29(1):60-66.

[184] Rsj R G, Kokta B V. Reinforeing high density polyethylene with cellulosic fibers Ⅰ: the effect of additives on fiber dispersion and mechanical properties[J]. Polymer Engineering and Science,1991,31(18):358-1362.

[185] Rahman M M,Mallik A K,Khan M A. Influences of various surface pretreatments on the mechanical and degradable properties of photografted oil palm fibers[J]. Journal of Applied Polymer Science,2007,105(5):3077-3086.

[186] Ramos L P. The chemistry involved in the steam treatment of lignocellulosic materials[J]. Química Nova,2003,26:863-871.

[187] Renneckar S,Johnson R K,Zink-Sharp A,et al. Fiber modification by steam-explosion:C-13 NMR and dynamic mechanical analysis studies of co-refined wood and polypropylene[J]. Composite Interfaces,2005,12(6):559-580.

[188] Renneckar S, Zink-Sharp A, Glasser W G. Fiber modification by steam-explosion: Microscopic analysis of co-refined wood and polypropylene[J]. Iawa Journal,2007, 28(1):13-27.

[189] Renneckar S,Zink-Sharp A,Glasser W G. Fiber surface modification by steam-explosion:Sorption studies with co-refined wood and polyolefins[J]. Wood and Fiber Science,2006,38(3):427-438.

[190] Reyes J,Albano C,Davidson E,et al. Effects of gamma irradiation on polypropylene, polypropylene plus high density polyethylene and polypropylene plus high density polyethylene plus wood flour[J]. Materials Research Innovations,2001. 4(5-6): 294-300.

[191] Sasaki M,Kabyemela B,Malauan R,et al. Cellulose hydrolysis in subcritical and supercritical water[J]. Journal of Supercritical Fluids, 1998, 13 (1-3): 261-268.

[192] Savage P E. Organic chemical reactions in supercritical water[J]. Chemical

Research,1999,99:603-621.

[193] Scholz G,Nothnick E,Avramidis G,et al. Adhesion of wax impregnated solid beech wood with different glues and by plasma treatment[J]. European Journal of Wood And Wood Products,2010,68(3):315-321.

[194] Schwald W,Bobleter O. Hydrothermolysis of cellulose under static and dynamic conditions at high temperatures[J]. Journal of Carbohydrate Chemistry,1989,8 (4): 565-578.

[195] Shao Z P,Zhou L,Liu Y M,et al. Differences in structure and strength between internode and node sections of moso bamboo[J]. Journal of Tropical Forest Science,2010,22(2):133-138.

[196] Sherely A P,Abderrahim B,Laurent I,et al. Effect of fiber loading and chemical treatments on thermophysical properties of banana fiber/polypropylene commingled composite materials[J]. Composites Part A:Applied Science and Manufacturing, 2008,39(9):1582-1588.

[197] Sheshmani S,Ashori A,Hamzeh Y. Physical properties of polyethylene-wood fiber-clay nanocomposites[J]. Journal of Applied Polymer Science,2010,118 (6):3255-3259.

[198] Shito T,Okubo K,Fujii T. Development of eco-composites using natural bamboo fibers and their mechanical properties[J]. High Performance Structures and Materials,2002,4:175-182.

[199] Sinha E,Rout S K. Influence of fibre-surface treatment on structural,thermal and mechanical properties of jute[J]. Journal of Materials Science,2008,43 (8):2590-2601.

[200] Sreekumar P A,Saiah R,et al. Effect of chemical treatment on dynamic mechanical properties of sisal fiber-reinforced polyester composites fabricated by resin transfer molding[J]. Composite Interfaces,2008,15(2-3):263-279.

[201] Stark N M,White R H,Mueller S A,et al. Evaluation of various fire retardants for use in wood flour-polyethylene composites[J]. Polymer Degradation And Stability,2010,95(9):1903-1910.

[202] Stokke D D, Gardner D J. Fundamental aspects of wood as a component of thermoplastic composites[J]. Journal of Vinyl and Additive Technology,2003, 9(2):96-104.

[203] Sun J X, Xu F, Geng Z C, et al. Comparative study of cellulose isolated by totally chlorine-free method from wood and cereal straw [J]. Journal of Applied Polymer Science,2005,97(1):322-335.

[204] Suryawati L, Wilkins M R, Bellmer D D, et al. Simultaneous sacchrification and fermentation of Kanlow Switchgrass pretreated by hydrothermolysis using Kluyveromyces marxianus IMB4[J]. Biotechnology and Bioengineering,2008, 101 (5):894-902.

[205] Tagaya H, Shibasaki Y, Kato C, et al. Decomposition reactions of epoxy resin and polyetheretherketone resin in sub-and supercritical water[J]. Journal of Material Cycles and Waste Management,2004,6(1):1-5.

[206] Takahashi T, Mizuib K, Miyazawa M. Volatile compounds with characteristic odour in moso-bamboo stems (phyllostachys pubescens mazel ex houz de ehaie)[J]. Phytochemical Analysis,2010,21(5):489-495.

[207] Tokoro R, Vu D M, et al. How to improve mechanical properties of polylactic acid with bamboo fibers[J]. Journal of Materials Science,2008,43(2):775-787.

[208] Towo A N, Ansell M P. Fatigue of sisal fibre reinforced composites: Constant-life diagrams and hysteresis loop capture[J]. Composites Science and Technology, 2008,68(3-4):915-924.

[209] Tsubaki T, Nakano T. Creep behavior of bamboo under various desorption conditions[J]. Holzforschung,2010,64(4):489-493.

[210] Valle G C X, Tavares M I B, Luetkmeyer L, et al. Effect of wood content on the thermal behavior and on the molecular dynamics of wood/plastic composites[J]. Macromolecular Symposia,2007,258:113-118.

[211] Vogtlander J, van der Lugt P, Brezet H. The sustainability of bamboo products for local and Western European applications. LCAs and land-use[J]. Journal of Cleaner Production,2010,18(13):1260-1269

[212] Wang H, Sheng K, Chen J, et al. Mechanical and thermal properties of sodium silicate treated moso bamboo particles reinforced PVC composites[J]. Science China: Technological Sciences, 2010, 53(1): 2932-2935.

[213] Wang H, Sheng K, Lan T, et al. Role of surface treatment on water absorption of poly(vinyl chloride) composites reinforced by phyllostachys pubescens particles[J]. Composites Science and Technology, 2010, 70: 847-853.

[214] Wang H, Chang R, Sheng K, et al. Impact response of bamboo-plastic composites with the properties of bamboo and polyvinylchloride[J]. Journal of Bionic Engnieering, 2008: 28-33.

[215] Wang H, Lan T, Sheng K, et al. Role of alkali treatment on mechanical and thermal properties of bamboo particles reinforced polyvinylchloride composites [J]. Advanced Materials Research, 2009, (79-82): 545-548.

[216] Wang H, Sheng K. Sustainable utilization of bamboo forests to contribute abatement of greenhouse effect and petroleum crisis in China [C]. Harvard University Symposium on Climate: Human and Science, 2010.

[217] Wolkenhauer A, Avramidis G, Hauswald E, et al. Plasma treatment of wood-plastic composites to enhance their adhesion properties[J]. Journal of Adhesion Science and Technology, 2008, 22(16): 2025-2037.

[218] Wolkenhauer A, Avramidis G, Hauswald E, et al. Sanding vs. plasma treatment of aged wood: A comparison with respect to surface energy[J]. International Journal of Adhesion and Adhesives, 2009, 29(1): 18-22.

[219] Xie Y J, Xiao Z F, Gruneberg T, et al. Effects of chemical modification of wood particles with glutaraldehyde and 1, 3-dimethylol-4, 5-dihydroxyethyleneurea on properties of the resulting polypropylene composites [J]. Composites Science and Technology, 2010, 70(13): 2003-2011.

[220] Yao F, Wu Q L. Coextruded polyethylene and wood-flour composite: Effect of shell thickness, wood loading, and core quality[J]. Journal of Applied Polymer Science, 2010, 118(6): 3594-3601.

[221] Yeh S K, Gupta R K. Nanoclay-reinforced, polypropylene-based wood plastic

composites[J]. Polymer Engineering and Science,2010,50(10):2013-2020.

[222] Yin S Z,Wang S Q,Rials GT,et al. Polypropylene composites filled with steam-exploded wood fibers from beetle-killed loblolly pine by compression-molding[J]. Wood and Fiber Science,2007,39(1):95-108.

[223] Yoshida H,Terashima M,Takahashi Y. Production of organic acids and amino acids from fish meat by sub-critical water hydrolysis[J]. Biotechnology Progress, 1999,15(6):1090-1094.

[224] Zadorecki P,Flodin P. Surface modification of cellulose fibers Ⅰ. Spectroscopic characterization of surface-modified cellulose fibers and their copolymerization with styrene[J]. Journal of Applied Polymer Science,1985,30(6):2419-2429.

[225] Zaini W J,Fuad M Y A. The effect of filler content and size on the mechanIcal properties of polypropylene/oil palm wood flour composites [J]. Polymer International,1996,40(1):51-55.

[226] Zhang F,Comas-Cardona S,Binetruy C. Statistical modeling of in-plane permeability of non-woven random fibrous reinforcement[J]. Composite Science Technology, 2012,72:1368-79.

[227] Zhang Y C,Zhang J L,Shi J L,et al. Flexural properties and micromorphologies of wood flour/carbon nanofiber/maleated polypropylene/polypropylene composites[J]. Composites Part A:Applied Science and Manufacturing,2009,40(6-7):948-953.

[228] Zhao R J,Jiang Z H,Hse C Y,et al. Effects of steam treatment on bending properties and chemical composition of moso bamboo (phyllostachys pubescens)[J]. Journal of Tropical Forest Science,2010,22(2):197-201.

[229] Zhou J A,Sheng J S,Wang Y H,et al. Interface research of wood/plastic composites modified by long chain segment block graft[J]. Rare Metal Materials and Engineering, 2010,39(2):390-393.

# 索　引

K

抗生物性能　3

抗氧剂　39

孔隙率　24,25,30,101,110,116,121,126,139,140


M

马来酸酐接枝　3,5,38,60

马来酸酐原位增容　5


N

耐蠕变性　3


P

喷射成型　16,18,19,20


S

手糊成型　16—20,25

树脂传递模塑成型　16,19,20

酸溶木素　48


T

团状模复合材料　19


W

无缺口冲击强度　4,55


X

吸湿膨胀性　3

# 后　记

　　《竹塑复合材料工艺及改性》一书终于成稿，想起那几年的研究经历，掩卷思量，感慨颇多。饮水思源，在此要感谢盛奎川教授的殷切关怀和谆谆教导，盛教授一直是我学习的榜样，他正直刚毅的人格魅力、严谨务实的学术精神、几十年如一日的专注态度对我的影响颇深，也激励我在以后的人生中在科研和学术领域不断思考和学习。对本书的成稿，盛教授做过仔细的修改，给予了无私的帮助。同时，特别要感谢国家林业局竹子研究开发中心的钟哲科研究员，钟研究员是竹资源开发利用方面的专家，我们一直都有交流。在本书的撰写过程中，钟研究员提供了很多的素材，我们在竹子利用方面做过深入的探讨，钟研究员对科研成果的应用落地十分重视，他认为好的科研一定是能够指导实践的，否则就是镜中花、水中月。

　　在写作过程中，我深感学无止境，"术业有专攻"。很多不同行业的朋友在专业上或者在其他方面给本研究提供了参考，没有他们的无私分享，本书不可能付梓，现一并致谢。最后，要感谢浙江大学出版社的编辑老师们，感谢他们在封面设计、文字校对、文稿润色、出版安排等方面给我的帮助。

王　会

2018 年 11 月